SIMPLY
MATHEMATIK

DK

DK | Penguin Random House

Lektorat
Michael Clark, Julie Ferris, Miezan van Zyl,
Angeles Gavira, Liz Wheeler, Jonathan Metcalf

Gestaltung und Bildredaktion
Mik Gates, Jessica Tapolcai, Michael Duffy,
Karen Self

Umschlaggestaltung
Sophia M.T.T., Akiko Kato

Herstellung
Gillian Reid, Meskerem Berhane

Für die deutsche Ausgabe:
Redaktionsleitung Dr. Kerstin Schlieker
Herstellungskoordination Bianca Isack
Herstellung Stefanie Staat

Titel der englischen Originalausgabe:
Simply Maths

Übersetzung Katja Roth
Lektorat Birgit Reit

ISBN 978-3-8310-4607-2
5902-325017-22521-03

Druck und Bindung TBB, a.s., Slowakei

MIX
Papier | Fördert gute Waldnutzung
FSC® C018179

www.dk-verlag.de

BERATUNG

Karl Warsi lehrte viele Jahre lang Mathematik in Schulen und Universitäten. Er schrieb international vielfach verkaufte Lehrbücher für Schüler der Sekundarstufe und engagiert sich für Inklusion im Bildungswesen. Er vertritt die Überzeugung, dass Menschen jeden Alters auf unterschiedliche Weise lernen.

MITWIRKENDE

Leo Ball schloss ein Physikstudium an der Universität Oxford ab und ist heute Autor und Physikdozent. In Zusammenarbeit mit dem Institut für Physik an der Universität Oxford und der Regierung von Wales bereitet er Schüler aus benachteiligten Verhältnissen auf die Aufnahme in Oxford oder Cambridge vor.

Heather Davis lehrt seit 30 Jahren Mathematik, veröffentlicht Lehrbücher für Hodder Education und organisiert Pulikationen für die UK's Association of Teachers of Mathematics.

Julian Emsley ist Mathematiklehrer und Tutor an der sonnigen Südküste Englands. In seiner Freizeit baut er Obst und Gemüse an und unternimmt Radtouren durch die Landschaft der South Downs.

Sue Pope ist langjähriges Mitglied der Association of Teachers of Mathematics und Mitveranstalterin von Workshops über die Geschichte des Mathematikunterrichts bei deren Konferenzen. Sie publiziert häufig und ist u.a. Mitherausgeberin des Buchs *Enriching Mathematics in the Primary Curriculum*.

Susan Watt studierte in Cambridge Mathematik und Naturwissenschaft und absolvierte postgraduale Abschlüsse in Philosophie und Psychologie. Sie war Herausgeberin der internationalen Zeitschrift *Science in School* und arbeitet an vielen mathematischen und naturwissenschaftlichen Büchern mit, unter anderem für den DK Verlag.

INHALT

ZAHLEN

RECHNEN

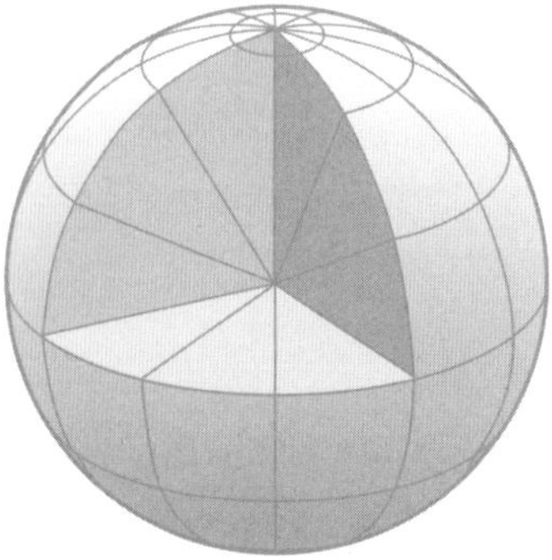

GEOMETRIE

ALGEBRA

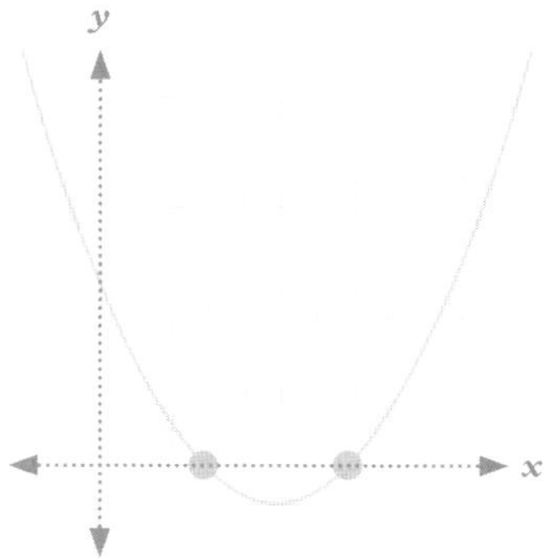

GRAPHEN

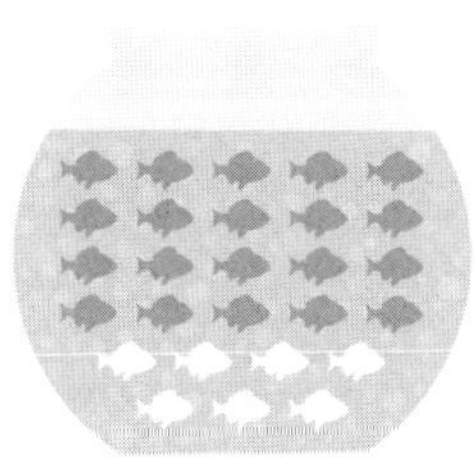

VERHÄLTNIS UND PROPORTION

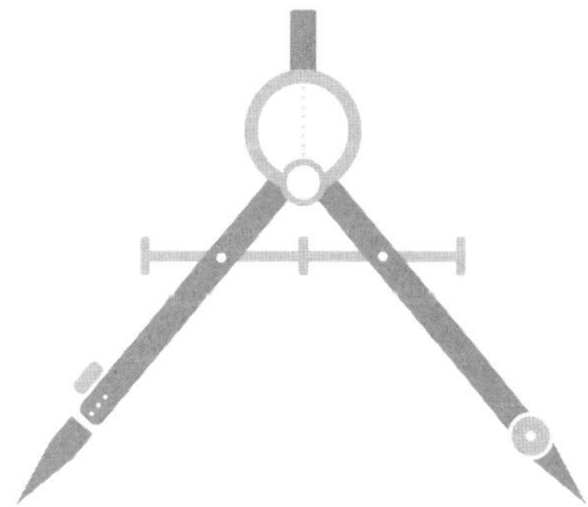

MESSEN

STATISTIK UND PROBABILISTIK

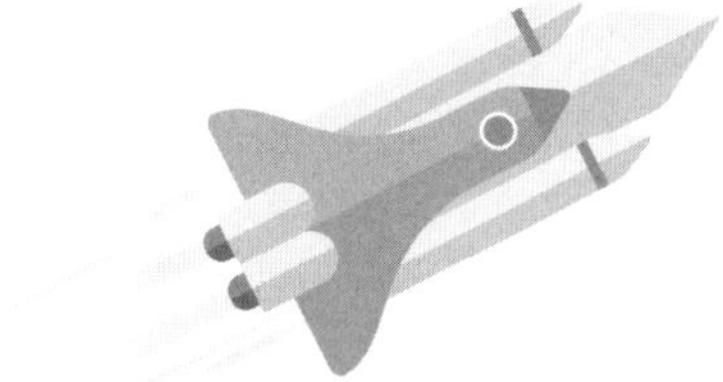

ANALYSIS

WAS IST MATHEMATIK?

Der alte griechische Philosoph Proklos schrieb einst: »Wo immer Zahlen sind, dort ist Schönheit.« Mathematik oder »Mathe« empfinden einige Menschen als besonders schön, andere jedoch als abschreckend. Und das, obwohl sich mathematische Anwendungsbereiche weit über Zahlen hinaus in Bereiche wie Algebra und Geometrie erstrecken. Tatsächlich gibt es wohl viele weitere Themengebiete, an die wir derzeit noch nicht einmal denken. Es ist schwierig, die Mathematik einfach zu definieren, doch zumindest kann man sich darauf einigen, dass sie auf Mengen, Formen und Mustern basiert. Diese umfangreiche Wissenschaft hat sich über viele Jahrtausende hinweg entwickelt, von den frühen Anfängen des Zählens, nachgewiesen durch geschnitzte Knochen, über die Einführung des hindu-arabischen Zahlensystems bis hin zur modernen abstrakten Algebra.

Mathe ist überlebenswichtig, nicht nur dann, wenn es um das Bestehen von Prüfungen geht, sondern auch in vielen Aspekten des Alltags, beispielsweise im Supermarkt oder bei Raumdekorationen. Viele von uns haben sich gewisse Rechentechniken antrainiert, obwohl sie das dahinterstehende Konzept nicht ganz verstehen, was aber erforderlich wäre, um die Mathematik in all ihrer Vielfalt sicher anzuwenden.

Dieses Buch bietet eine prägnante, visuelle Einführung in die Ideen hinter den wesentlichen mathematischen Konzepten wie Zahlen, Maße oder Statistik. Weiterführende Gebiete wie Analysis und faszinierende Aspekte wie die der fraktalen Geometrie und des Goldenen Schnitts werden kurz gestreift. Hoffentlich gelingt es, die Schönheit und den praktischen Nutzen der Mathematik zu enthüllen – dieses Fachs, das danach hoffentlich nicht mehr so einschüchternd und abschreckend wirkt.

ZAHLE

N

Eine Zahl ist ein Symbol oder ein Wort (Zahlwort), das wir verwenden, um eine Größe oder Anzahl (Menge) von etwas darzustellen. Es gibt beispielsweise natürliche Zahlen, ganze Zahlen, Bruchzahlen, negative Zahlen und sogar imaginäre Zahlen. Die ersten Zahldarstellungen waren vermutlich einfache Striche, die von Höhlenmenschen verwendet wurden. Später haben sich die römischen Zahlzeichen entwickelt und schließlich die heute gebräuchlichen und weit verbreiteten arabischen Ziffern. Aber auch andere Zahlsysteme wie das chinesische System finden weiterhin Verwendung.

> Ganze Zahlen sind die natürlichen Zahlen und ihre Gegenzahlen zusammen mit der Null.

Zahlenstrahl
Ganze Zahlen kann man entlang eines Zahlenstrahls oder einer Zahlengeraden darstellen, die in beide Richtungen unendlich weit reichen.

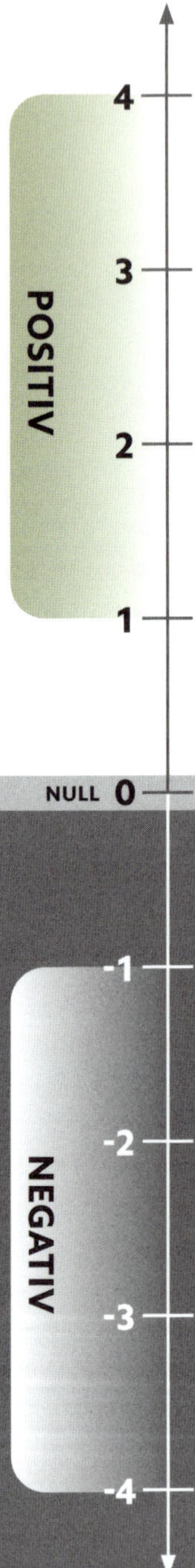

GRÖSSER NULL

KLEINER NULL

Die natürlichen Zahlen (1, 2, 3 …) bilden die Grundlage der Mathematik. Zusammen mit ihren Gegenzahlen (-1, -2, -3 …) und der Null (0) bilden sie die Menge der ganzen Zahlen. Die negativen Zahlen braucht man beispielsweise, um Temperaturen unter Null Grad zu benennen.

BRUCHZAHLEN

Einige der Zahlen, die zwischen zwei ganzen Zahlen liegen, kann man als Brüche darstellen. Brüche sind besonders dann sinnvoll, wenn man einen exakten Wert benötigt. Ein Bruch steht für einen Anteil an einem Ganzen, das in mehrere Teile zerlegt wurde. Er besteht aus Zähler und Nenner sowie einem Bruchstrich.

ZÄHLER

Gibt an, um wie viele der beschriebenen Teile es geht.

$$\frac{3}{4}$$

BRUCHSTRICH

Strich zwischen Zähler und Nenner

NENNER

Gibt an, in wie viele Teile das Ganze zerlegt wurde.

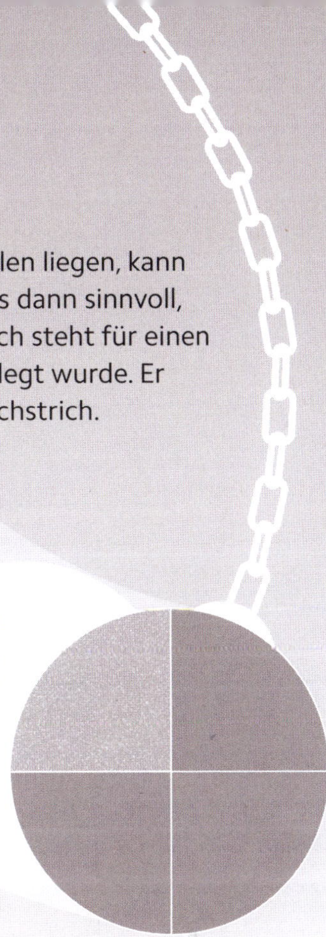

Teile eines Ganzen

Bruchzahlen sind Zahlen, die auf dem Zahlenstrahl zwischen ganzen Zahlen stehen. Ein Ganzes kann in zwei Halbe, vier Viertel usw. geteilt werden.

1 GANZES

$\frac{1}{2}$ $\frac{1}{2}$

$\frac{1}{3}$ $\frac{1}{3}$ $\frac{1}{3}$

$\frac{1}{4}$ $\frac{1}{4}$ $\frac{1}{4}$ $\frac{1}{4}$

$\frac{1}{5}$ $\frac{1}{5}$ $\frac{1}{5}$ $\frac{1}{5}$ $\frac{1}{5}$

$\frac{1}{6}$ $\frac{1}{6}$ $\frac{1}{6}$ $\frac{1}{6}$ $\frac{1}{6}$ $\frac{1}{6}$

$\frac{1}{8}$ $\frac{1}{8}$ $\frac{1}{8}$ $\frac{1}{8}$ $\frac{1}{8}$ $\frac{1}{8}$ $\frac{1}{8}$ $\frac{1}{8}$

$\frac{1}{10}$ $\frac{1}{10}$ $\frac{1}{10}$ $\frac{1}{10}$ $\frac{1}{10}$ $\frac{1}{10}$ $\frac{1}{10}$ $\frac{1}{10}$ $\frac{1}{10}$ $\frac{1}{10}$

DEZIMALKOMMA PLATZIEREN

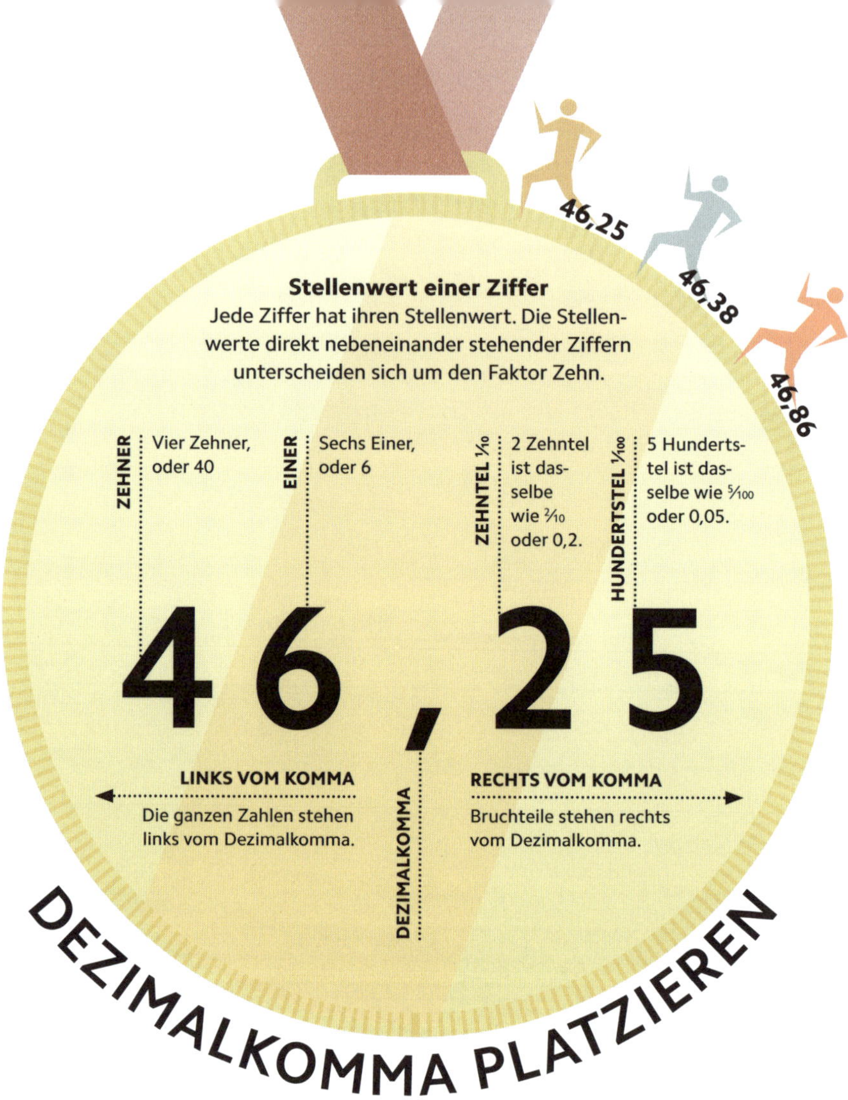

Das weltweit verwendete Dezimalsystem basiert auf der Zahl 10. Die Dezimalstellen repräsentieren Teile eines Ganzen. Das Dezimalkomma trennt die Ganzen von den Bruchteilen: Alles ab der 1 aufwärts steht links vor dem Dezimalkomma. Alles, was kleiner ist als 1, steht rechts dahinter. Entstanden ist das Dezimalsystem im 7. Jh. in Indien. Islamische Gelehrte entwickelten es weiter und im 16. Jh. wurde es auch in Europa übernommen.

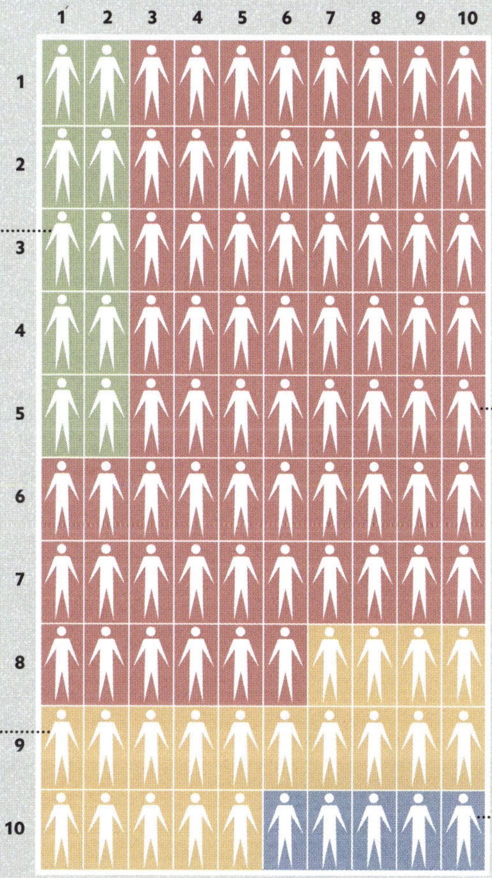

Prozentuale Anteile
Diese 100 Felder lassen sich in verschiedene Gruppen unterteilen. Alle zusammen stehen für 100 Prozent.

10 PROZENT
Die grünen Felder stehen für 10 Prozent des Ganzen oder $^{10}/_{100}$ ($^{1}/_{10}$).

66 PROZENT
Die roten Felder machen 66 Prozent der Gesamtmenge aus ($^{66}/_{100}$, das sind ungefähr $^{2}/_{3}$).

19 PROZENT
Die orangefarbenen Felder machen 19 Prozent des Ganzen aus ($^{19}/_{100}$).

5 PROZENT
Die blauen Felder machen 5 Prozent aus.

TEILE VON 100

»Prozent« bedeutet, dass wir einen Wert, der »ein Ganzes« repräsentiert, in 100 Teile zerlegen. Ein Prozent ist entsprechend ein Hundertstel davon, 50 Prozent sind 50 Hundertstel oder eine Hälfte (ein Halbes). Das Symbol % bedeutet »von Hundert« oder »Hundertstel«. Prozente werden seit rund 2000 Jahren für finanzielle Berechnungen verwendet. Julius Cäsar erhob im Alten Rom Steuern von einem Prozent auf den Verkauf von Waren.

DER x-FAKTOR

»Teiler einer Zahl« sind diejenigen ganzen Zahlen, durch die man eine Zahl x ohne Rest dividieren kann. Die Teiler von 12 sind die ganzen Zahlen 1, 2, 3, 4, 6 und 12. Das »Vielfache einer Zahl« ist das Ergebnis der Multiplikation der Zahl mit einer natürlichen Zahl. Die Vielfachen von 6 sind 6, 12, 18, 24 usw. Ist x ein Teiler von y, dann ist y ein Vielfaches von x. Daher ist zum Beispiel 3 Teiler von 12 und 12 ist Vielfaches von 3. Eine Zahl hat endlich viele Teiler, aber unendlich viele Vielfache.

Zerlegung anschaulich gemacht
Ein Schokoriegel mit 10 Stücken kann auf vier unterschiedliche Arten geteilt werden. Die vier Teiler von Zehn sind: 1; 2; 5 und 10.

Der ganze Riegel: 1 und 10 sind Teiler.

10 : 1 = 10

Der Riegel in fünf Zweierrippchen aufgeteilt: 5 und 2 sind Teiler.

10 : 5 = 2

Geteilt in zwei Hälften: 2 und 5 sind Teiler.

10 : 2 = 5

Der Riegel in zehn einzelne Stücke zerlegt: 10 und 1 sind Teiler.

10 : 10 = 1

2 ist die einzige gerade Primzahl. Alle anderen geraden Zahlen kann man durch 2 dividieren, daher sind sie nicht prim.

Die Primzahlen sind grün hinterlegt.

1	2	3	4	5	6	7	8	9	10
11	12	13	14	15	16	17	18	19	20
21	22	23	24	25	26	27	28	29	30
31	32	33	34	35	36	37	38	39	40
41	42	43	44	45	46	47	48	49	50
51	52	53	54	55	56	57	58	59	60
61	62	63	64	65	66	67	68	69	70
71	72	73	74	75	76	77	78	79	80
81	82	83	84	85	86	87	88	89	90
91	92	93	94	95	96	97	98	99	100

PRIME-TIME

Eine natürliche Zahl, die nur durch 1 und sich selbst teilbar ist, ist eine Primzahl. Primzahlen sind beispielsweise 2; 3; 5; 7 und 13. Die 1 ist keine Primzahl, da sie nur einen Teiler (sich selbst) hat. Bereits die alten Griechen untersuchten die Primzahlen. Eratosthenes entwickelte dazu einen Algorithmus, das »Sieb des Eratosthenes«. Es gibt unendlich viele Primzahlen. Sie spielen eine wichtige Rolle in der Kryptografie, einem Zweig der Mathematik, der unter anderem Sicherheitssysteme für den weltweiten Zahlungsverkehr entwickelt.

Bis 100

Zwischen 2 und 100 gibt es genau 25 Primzahlen. Eine natürliche Zahl zwischen 2 und 100 ist Primzahl, wenn sie nicht durch 2; 3; 5 oder 7 teilbar ist.

Quadrate und Wurzeln
$3^2 = 9$. Umgekehrt ist die Quadratwurzel einer Zahl (z.B. 9) diejenige Zahl, die, mit sich selbst multipliziert, wieder diese Zahl ergibt. Man schreibt $\sqrt{a^2}$. Die Quadratwurzel von 9 ist 3, denn $3 \cdot 3 = 9$.

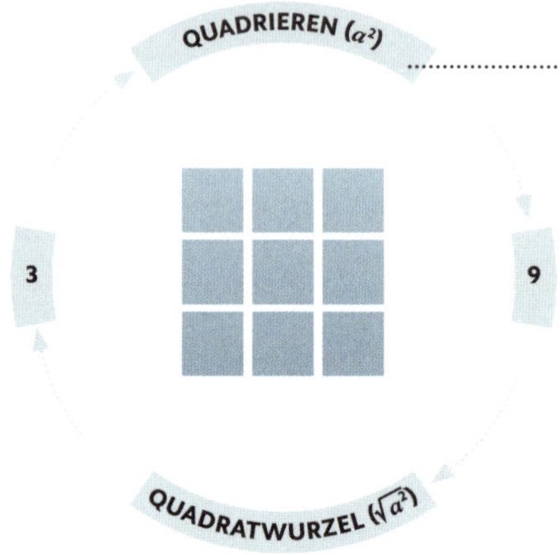

WARUM QUADRAT?
Wird eine Zahl (a) mit mit 2 potenziert, sagt man, sie wird quadriert. Das Ergebnis ist eine sogenannte Quadratzahl, denn der Flächeninhalt eines Quadrats mit den Seitenlängen a beträgt genau a^2 (»a Quadrat«).

MIT SICH MULTIPLIZIEREN

Wird eine Zahl (a) n-mal mit sich selbst multipliziert, schreibt man eine Hochzahl, den Exponenten (siehe S. 68), hinter die Zahl: a^n. Man schreibt $3 \cdot 3 = 3^2$ und spricht »3 hoch 2« oder »3 potenziert mit 2«. Eine Zahl, die mit 2 potenziert wird, wird quadriert, eine Zahl, die mit 3 potenziert wird, wird kubiert. Umgekehrt ist die n-te Wurzel aus einer Zahl die Zahl, die diese Zahl ergibt, wenn man sie n-mal mit sich selbst multipliziert. Meist trifft man auf Quadratwurzeln und Kubikwurzeln.

Kubikzahlen und Kubikwurzeln
$3^3 = 3 \cdot 3 \cdot 3 = 27$. Umgekehrt ist die Kubikwurzel einer Zahl (z.B. 27) diejenige Zahl, die, dreimal mit sich selbst multipliziert, die Zahl ergibt. Man schreibt $\sqrt[3]{a}$. Die Kubikwurzel von 27 ($\sqrt[3]{27}$) ist 3.

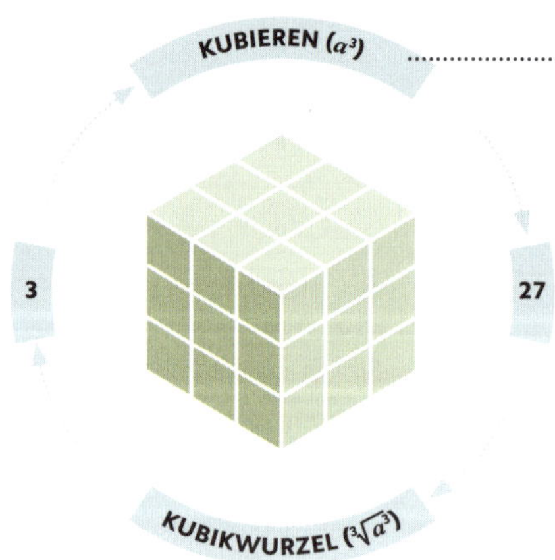

WARUM KUBIERT?
Wird eine Zahl (a) mit 3 potenziert, sagt man auch, sie wird kubiert. Das Ergebnis heißt Kubikzahl, denn das Volumen eines Würfels mit den Kantenlängen a (Länge = Breite = Höhe = a) beträgt genau a^3.

PRAKTISCHE POTENZEN

Hochzahlen (Exponenten) sind nicht immer positiv. Die Tabelle zeigt Zehnerpotenzen im Bereich von 1 Billion bis zu 1 Billionstel. Man kann ein Muster erkennen: Wird der Exponent um 1 reduziert, wird die Zahl durch 10 dividiert. So erhält man auch $10^0 = 1$ und tatsächlich ist jede Zahl hoch 0 gleich 1. Man erkennt auch, dass negative Exponenten zu Zahlen führen, die kleiner 1 sind. Für besonders große oder kleine Zahlen werden oft kurze Präfixe verwendet. Ein Gigabyte umfasst zum Beispiel 1 000 000 000 Byte.

NAME	ZAHLSCHREIBWEISE	ZEHNERPOTENZ	PRÄFIX
BILLION	1 000 000 000 000	10^{12}	TERA (T)
MILLIARDE	1 000 000 000	10^{9}	GIGA (G)
MILLION	1 000 000	10^{6}	MEGA (M)
TAUSEND	1000	10^{3}	KILO (k)
HUNDERT	100	10^{2}	HEKTO (h)
ZEHN	10	10^{1}	DEKA (da)
EINS	1	10^{0}	[---]
EIN ZEHNTEL	0,1	10^{-1}	DEZI (d)
EIN HUNDERTSTEL	0,01	10^{-2}	ZENTI (c)
EIN TAUSENDSTEL	0,001	10^{-3}	MILLI (m)
EIN MILLIONSTEL	0,000 001	10^{-6}	MIKRO (μ)
EIN MILLIARDSTEL	0,000 000 001	10^{-9}	NANO (n)
EIN BILLIONSTEL	0,000 000 000 001	10^{-12}	PIKO (p)

Faktorbaum
Der Faktorbaum ist ein praktisches Werkzeug, mit dem sich jede natürliche Zahl in ihre Primfaktoren zerlegen lässt.

1. Die Zahl, die zerlegt werden soll, steht ganz oben.

2. Die Zahl wird in zwei Faktoren zerlegt und diese werden darunter geschrieben.

3. Ist einer der Faktoren eine Primzahl, endet der Ast bei ihr. Andernfalls wird weiter faktorisiert, bis jeder Zweig in einer Primzahl endet.

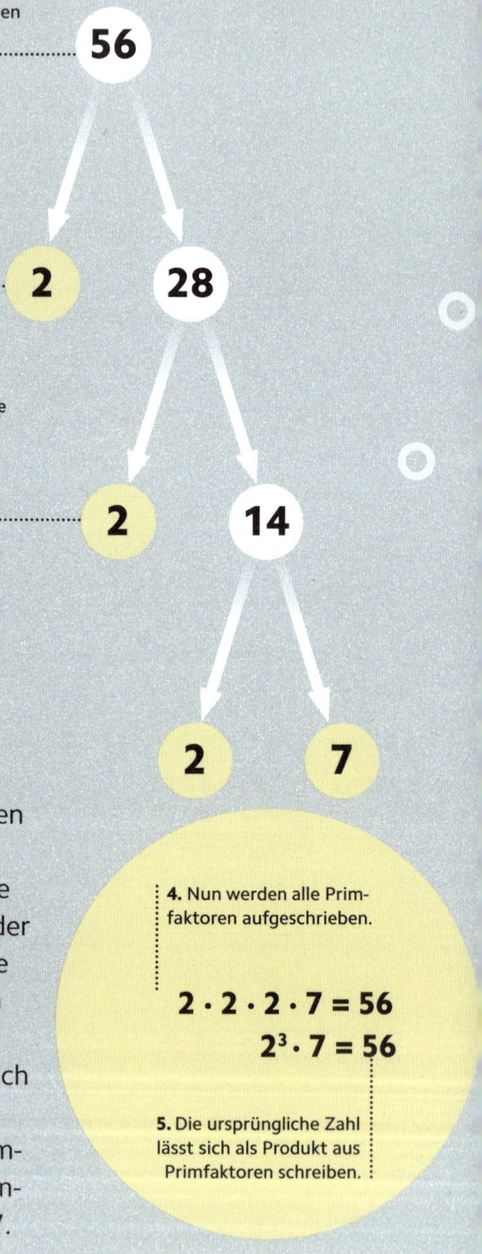

PRIMZAHL-ZERLEGUNG

Das »kleinste gemeinsame Vielfache« von zwei (oder mehr) natürlichen Zahlen heißt abgekürzt kgV. Das kgV von 15 und 10 ist zum Beispiel 30. Der »größte gemeinsame Teiler« (ggT) von zwei (oder mehr) natürlichen Zahlen ist die größte natürliche Zahl, durch die beide Zahlen teilbar sind. Der ggT von 15 und 10 ist daher 5. Ein Teiler einer Zahl, der zugleich Primzahl ist, heißt Primfaktor. Jede natürliche Zahl ist entweder selbst Primzahl oder lässt sich als Produkt aus Primzahlen darstellen. Beispiel: $42 = 2 \cdot 3 \cdot 7$.

Verschlüsselung
Primzahlen werden zur Verschlüsselung geheimer Informationen wie Bankdaten verwendet. Eine sehr große Zahl, der sogenannte öffentliche Schlüssel, wird als Produkt zweier geheimer Primfaktoren hergestellt. Diese bilden den privaten Schlüssel. Nur wer den privaten Schlüssel kennt, hat Zugriff auf die Daten.

> »Die ganze Umgebung ist Mathematik.
> Alles besteht aus Zahlen.«
>
> Shakuntala Devi

GROSSE UND
KLEINE ZAHLEN

Für die Darstellung besonders großer oder kleiner Zahlen wird die sogenannte wissenschaftliche oder Standardschreibweise verwendet. Sie basiert auf Zehnerpotenzen, also Potenzen der Zahl 10. Man schreibt immer $a \cdot 10^b$, wobei a eine Zahl zwischen 1 und 10 und b eine ganze Zahl ist. Ein Beispiel: $92\,000 = 9{,}2 \cdot 10\,000$. In Standardschreibweise wird dies als $9{,}2 \cdot 10^4$ dargestellt. Unter Wissenschaftlern wie Astronomen und Biologen ist diese Schreibweise üblich.

BREITE EINES DNA-MOLEKÜLS

MIKROSKOPISCH

Die Breite eines DNA-Moleküls beträgt 0,000000002 Meter, oder $2 \cdot 10^{-9}$ m.

Extrem klein
Sehr kleine Zahlen werden mithilfe negativer Exponenten dargestellt: $10^{-3} = 0{,}001$.

Extrem groß

Um sehr große Zahlen in der Standardschreibweise auszudrücken, schreibt man die erste Stelle und setzt danach ein Dezimalkomma. Nun zählt man die ganzzahligen Stellen der Zahl und verwendet diese Anzahl als Exponenten der Zehnerpotenz.

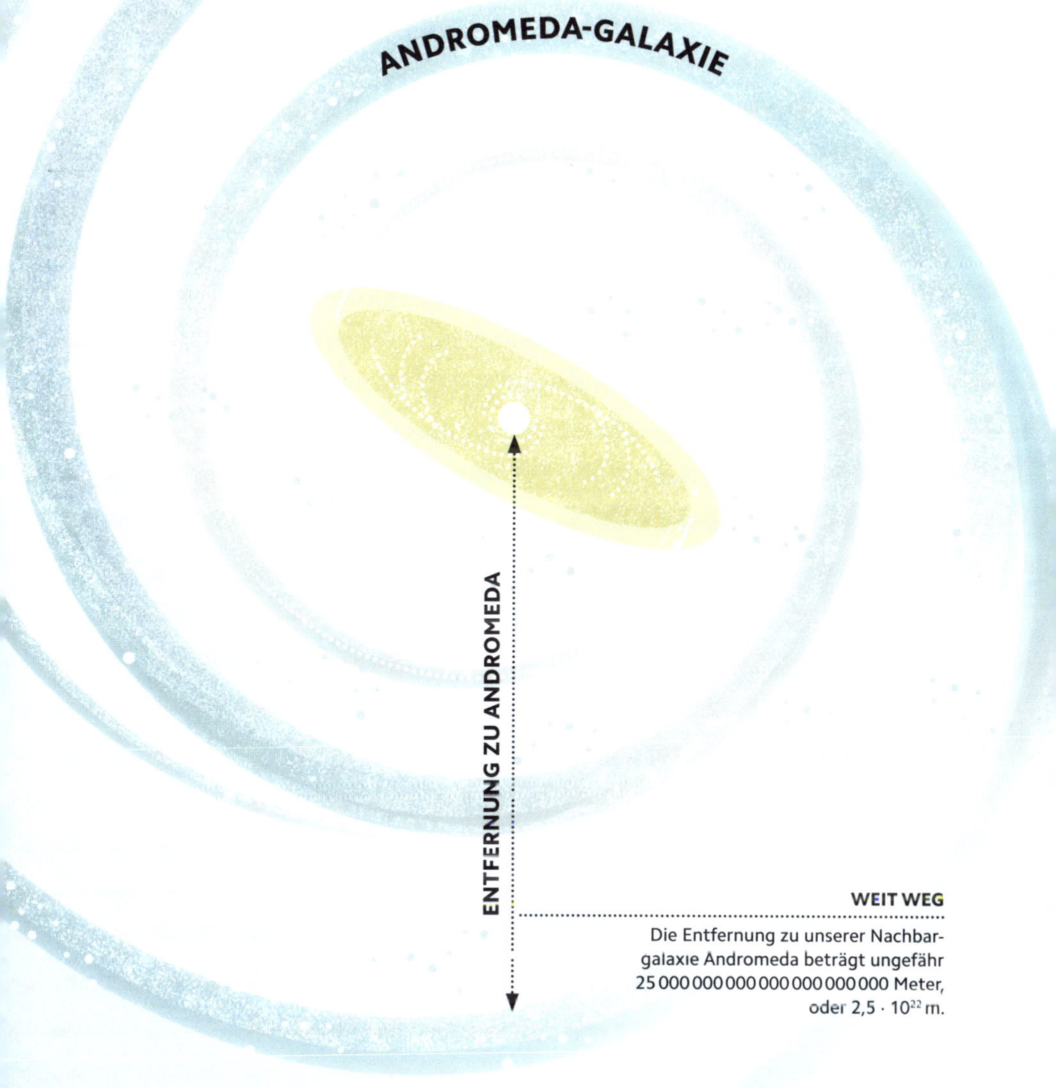

WEIT WEG

Die Entfernung zu unserer Nachbargalaxie Andromeda beträgt ungefähr 25 000 000 000 000 000 000 000 Meter, oder $2{,}5 \cdot 10^{22}$ m.

»Geistige Qual«
Gerolamo Cardano

$$i = \sqrt{-1}$$

IMAGINÄRE ZAHLEN

Zahl aus der Vorstellung
Für die Quadratwurzel aus −1 existiert keine »normale« Zahl. Daher wird sie mit dem Buchstaben i. ausgedrückt.

EINE ANDERE DENKWEISE

Quadriert man eine beliebige reelle Zahl, ist das Ergebnis immer positiv oder Null. Die imaginären Zahlen wurden eingeführt, um Probleme zu lösen, deren Ergebnis zur Wurzel aus einer negativen Zahl führt. Imaginäre Zahlen schreibt man mithilfe des Buchstaben i, dieser steht für die Quadratwurzel aus −1. Eine komplexe Zahl besteht aus einem reellen und einem imaginären Anteil und man schreibt beispielsweise $4 + 3i$. Imaginäre Zahlen sind als Werkzeug in Wissenschaft und Technik unerlässlich, zum Beispiel bei Entwicklung und Einsatz von Luftverkehrskontrollsystemen.

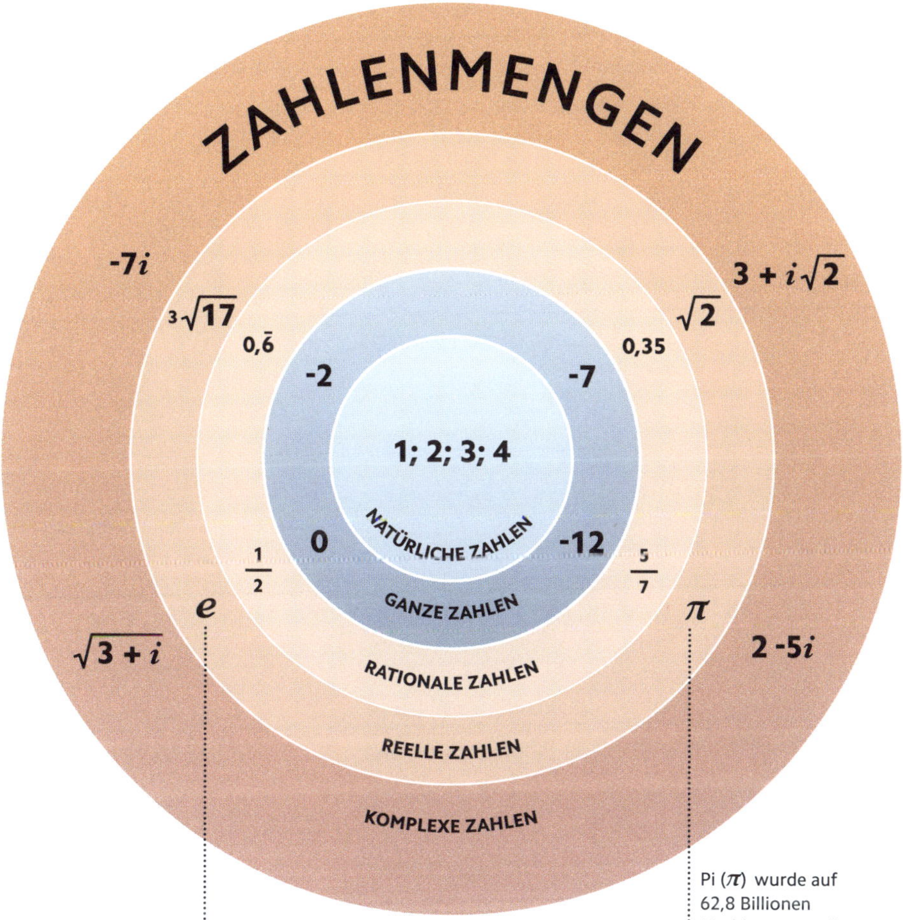

Die Eulersche Zahl (*e*) ist eine irrationale Zahl mit unendlich vielen Nachkommastellen. Sie beginnt mit 2,7182.

Pi (π) wurde auf 62,8 Billionen Nachkommastellen genau berechnet. Die ersten Stellen lauten 3,141592.

Die natürlichen Zahlen bilden eine Untermenge der Menge der ganzen Zahlen. Übergeordnete Zahlenmengen sind die rationalen und die irrationalen Zahlen. Rationale Zahlen können durch einen Bruch aus zwei ganzen Zahlen geschrieben werden, bei irrationalen Zahlen geht das nicht. Zusammen bilden die rationalen und die irrationalen Zahlen die Menge der reellen Zahlen. Die reellen Zahlen sind wiederum eine Teilmenge der Menge der komplexen Zahlen, die neben den reellen Zahlen auch die imaginären Zahlen beinhaltet.

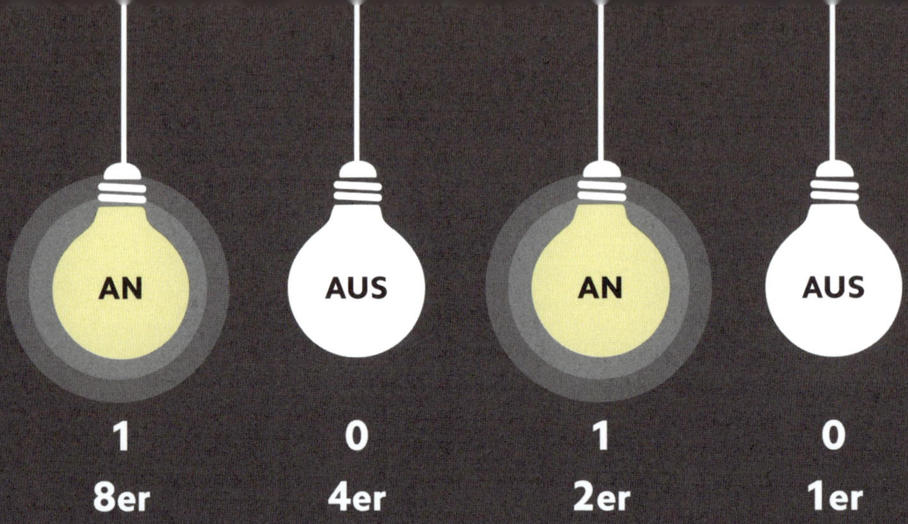

Dualsystem / Binärsystem
Die oben gezeigte Zahl 1010 repräsentiert die Zahl Zehn im Dualsystem. Benachbarte Stellen unterscheiden sich immer um den Faktor Zwei. Addiert man die Stellenwerte aller Stellen, an denen die Ziffer 1 steht (hier 8 und 2), so erhält man die Zahl Zehn des Dezimalsystems.

AUF ANDERER BASIS

Meist verwenden wir zum Rechnen die Basis 10. Hier unterscheiden sich benachbarte Stellenwerte um den Faktor 10. Die Zahl 42 repräsentiert beispielsweise 40 und 2. Die Basis 10 verwenden wir aufgrund der 10 Finger an unseren Händen, man kann aber auch andere Basen verwenden. Insbesondere in der Informatik wird die Basis 2 verwendet, denn Computer rechnen nur im Binärsystem. Man nennt die Schreibweise mit den Ziffern 1 und 0 auch binäre Schreibweise.

GRUPPENREGELN

Eine Gruppe ist eine Menge von Elementen wie Zahlen oder Formen mit einer Verknüpfung, die zwei Elementen der Gruppe immer ein drittes Element der Gruppe zuordnet. Für die Gruppe der ganzen Zahlen kann das die Addition sein, für eine Gruppe von Formen kann es die Rotation sein. Es gibt vier Gruppenaxiome: Abgeschlossenheit, Assoziativität, Existenz eines neutralen Elements und Existenz inverser Elemente. Gruppentheorie dient zum Beispiel der Erforschung von Symmetrien in der Chemie.

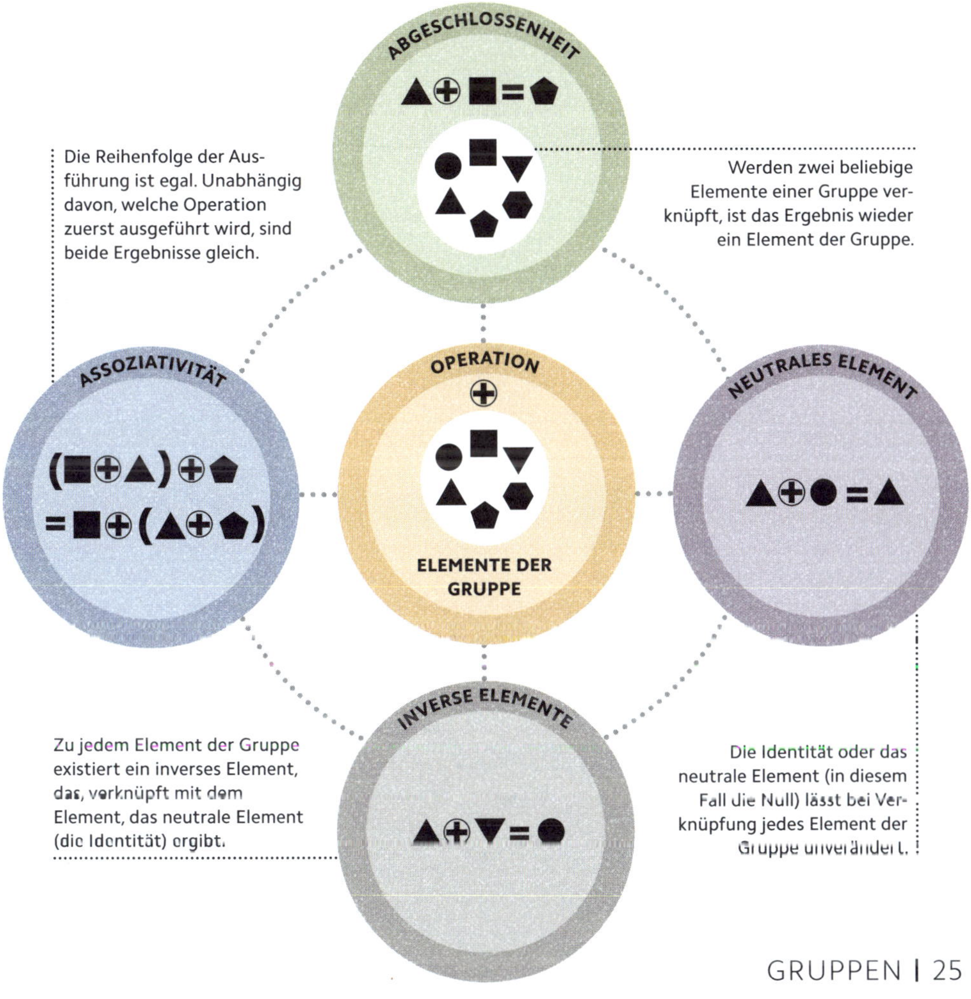

R E C H N

E N

Beim Rechnen verknüpft man Zahlen mithilfe einer oder mehrerer Rechenoperationen und erhält ein Ergebnis. Die vier Grundrechenarten sind Addition, Subtraktion, Multiplikation und Division. Das Rechnen mit diesen vier Grundrechenarten gehört zur Allgemeinbildung. Mithilfe bestimmter Rechenstrategien kann man das Kopfrechnen und das schriftliche Rechnen vereinfachen und beschleunigen. Brüche oder Dezimalzahlen machen das Rechnen komplizierter, aber mit einem Taschenrechner lassen sich auch solche Aufgabenstellungen leicht lösen.

ADDIEREN

Zählt man die Zahlen 3 und 1 zusammen, ist das Ergebnis 4. Die Summe von 3 und 1 ist 4.

1 + 3 = 4

ZWEI SCHRITTE VOR, EINER ZURÜCK

Addition und Subtraktion ganzer Zahlen sind einfache und einander entgegengesetzte Rechenoperationen. Sie erhöhen oder vermindern den ursprünglichen Wert. Bei der Subtraktion ist die Reihenfolge der Zahlen von Bedeutung: 3 + 5 = 5 + 3, aber 5 – 3 ist nicht dasselbe wie 3 – 5. Je größer die Zahlen, desto wichtiger sind Rechenstrategien. Durch Ergänzen bis zu einer bestimmten Zahl (wie dem nächsten Zehner) wird das Rechnen einfacher. Manchmal ist es auch sinnvoll, die einzelnen Stellen (Einer, Zehner, Hunderter usw.) zunächst getrennt voneinander zu berechnen.

4 – 3 = 1

SUBTRAHIEREN

Zieht man 3 von 4 ab, so erhält man das Ergebnis 1. Die Differenz zwischen 3 und 4 ist daher 1.

Zum nächsten Zehner ergänzen

Man addiert zu einem Summanden die Zahl, die bis zum nächsthöheren Zehner fehlt, und berechnet die Summe. Anschließend zieht man diese Zahl vom Ergebnis wieder ab.

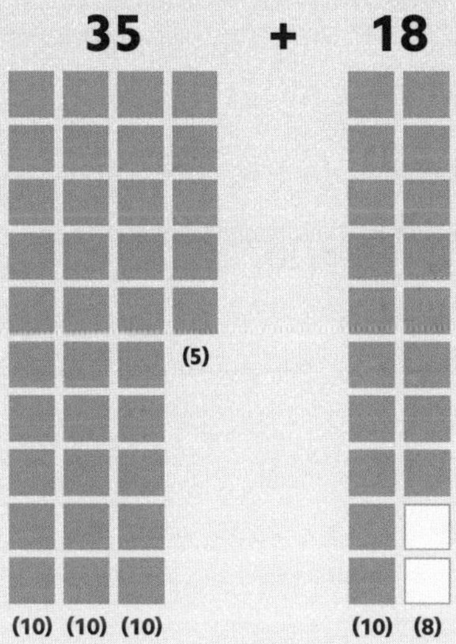

Addiert man hier 2, kann man einfacher rechnen.

35 + 20 = 55

Die 2 muss vom Ergebnis wieder abgezogen werden.

55 – 2 = 53

Zerlegen

Um die Rechnung zu vereinfachen, kann man die einzelnen Stellen (hier die Zehner und Einer) separat berechnen. Zum Schluss addiert man beide Ergebnisse und erhält so die Gesamtdifferenz.

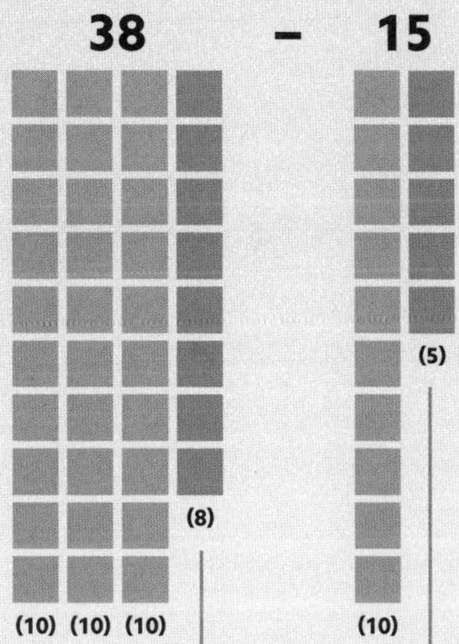

30 – 10 = 20

8 – 5 = 3

Die 20 und die 3 werden addiert.

= 23

Die Einmaleinstabelle verwenden

Für 6 · 7 sucht man in der ersten Spalte die 6 und in der ersten Zeile die 7. Dann geht man von der 6 aus nach rechts und von der 7 nach unten bis zur Lösung: 42.

•	1	2	3	4	5	6	7	8	9	10
1	1	2	3	4	5	6	7	8	9	10
2	2	4	6	8	10	12	14	16	18	20
3	3	6	9	12	15	18	21	24	27	30
4	4	8	12	16	20	24	28	32	36	40
5	5	10	15	20	25	30	35	40	45	50
6	6	12	18	24	30	36	42	48	54	60
7	7	14	21	28	35	42	49	56	63	70
8	8	16	24	32	40	48	56	64	72	80
9	9	18	27	36	45	54	63	72	81	90
10	10	20	30	40	50	60	70	80	90	100

WIE VIEL IST ZWEI MAL DREI?

Bei der Multiplikation wird eine Zahl einmal oder mehrmals zu sich selbst addiert. Beispielsweise ist 2 mal 3 (man schreibt 2 · 3) dasselbe wie 2 + 2 + 2 und damit gleich 6. Die oben abgebildete Einmaleinstabelle zeigt alle Ergebnisse des kleinen Einmaleins (bis 10 · 10). Diese lassen sich leicht auswendig lernen. Für größere Zahlen gibt es schriftliche Rechenverfahren oder man kann auch einfach einen Taschenrechner verwenden.

GERECHTE AUFTEILUNG

Division ist das Gegenteil von Multiplikation. Beim Dividieren wird eine Zahl in gleich große Teile zerlegt, die zusammen wieder die ursprüngliche Zahl ergeben. Lässt sich eine Anzahl nicht gleichmäßig aufteilen, bleibt ein Rest übrig. Wenn beispielsweise drei Personen zehn Hüte untereinander aufteilen wollen, so bleibt entweder ein Hut übrig oder jede Person erhält exakt 10 : 3 gleich 3⅓ Hüte. Da es aber nicht sinnvoll ist, einen Hut in drei Teile zu teilen, lautet das Ergebnis 3 Rest 1.

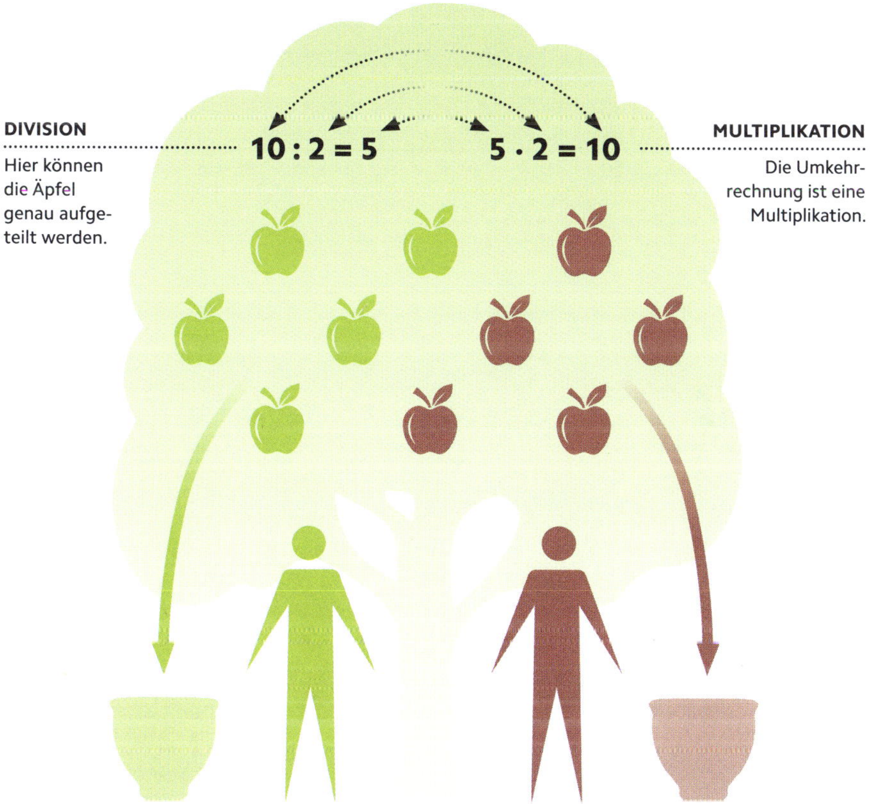

10 ÄPFEL : 2 PERSONEN = 5 ÄPFEL PRO PERSON

HUNDERTSTEL UND TAUSENDSTEL

Bei Dezimalzahlen sind die Ganzen durch ein Komma von den Teilen getrennt. In der Schreibweise von Geldbeträgen bedeutet 2,37 € zum Beispiel 2 Euro und 37 Cent. Die erste Ziffer nach dem Komma steht für die Anzahl der Zehntel, die zweite für die Anzahl der Hundertstel usw. Dezimalzahlen können addiert, subtrahiert, multipliziert und dividiert werden. Multipliziert man eine Dezimalzahl mit 10, rückt jede Ziffer um eine Stelle nach links. Dividiert man eine Dezimalzahl durch 10, rückt jede Ziffer um eine Stelle nach rechts.

Stellenwerte
Die Position einer Ziffer in einer Zahl zeigt ihren Stellenwert. Der Wert nimmt jeweils um den Faktor Zehn zu, je weiter man nach links geht. Ebenso nimmt er um den Faktor 10 ab, je weiter man nach rechts geht.

194,645 · 10

1000 TAUSENDER	100 HUNDERTER	10 ZEHNER
	1	9
1	9	4

MULTIPLIKATION

NACH LINKS

Multipliziert man eine Zahl mit 10, so repräsentiert anschließend jede Ziffer das Zehnfache ihres ursprünglichen Stellenwerts. Daher rücken alle Ziffern um eine Stelle nach links.

Dezimalzahlen multiplizieren
Bei der Multiplikation zweier Dezimalzahlen beachtet man zunächst die Dezimalkommas nicht und multipliziert die beiden Zahlen als ganze Zahlen.

Im Ergebnis setzt man das Dezimalkomma so, dass die Anzahl der Dezimalstellen gleich der Anzahl der Dezimalstellen in den beiden ursprünglichen Zahlen zusammen ist.

DEZIMALKOMMAS BEIM RECHNEN IGNORIEREN.

1295 · 26 = 33670

12,95 · 2,6 = 33,670

2 DEZIMALSTELLEN
+
1 DEZIMALSTELLE
=
3 DEZIMALSTELLEN

1 EINER		1/10 ZEHNTEL	1/100 HUNDERTSTEL	1/1000 TAUSENDSTEL
4	,	6	4	5
6	,	4	5	

DIVISION

NACH RECHTS

Dividiert man eine Zahl durch 10, so repräsentiert jede Ziffer nur noch ein Zehntel ihres ursprünglichen Stellenwerts. Daher rücken alle Ziffern um eine Stelle nach rechts.

MEHR ODER WENIGER

Zahlen werden gerundet, wenn ein genauer Wert unnötig oder vielleicht sogar störend ist, oder wenn man eine Überschlagsrechnung durchführen will. Je nachdem, wie genau die gerundete Zahl sein soll, rundet man auf den nächsten Zehner, Hunderter, Tausender, Zehntausender usw. Man kann auch auf eine vorgegebene Dezimalstelle genau runden. Ob man auf- oder abrunden muss, hängt immer von der Ziffer an der Rundungsstelle ab: Ist sie genau 5 oder größer, dann wird aufgerundet, ist sie kleiner als 5, rundet man ab.

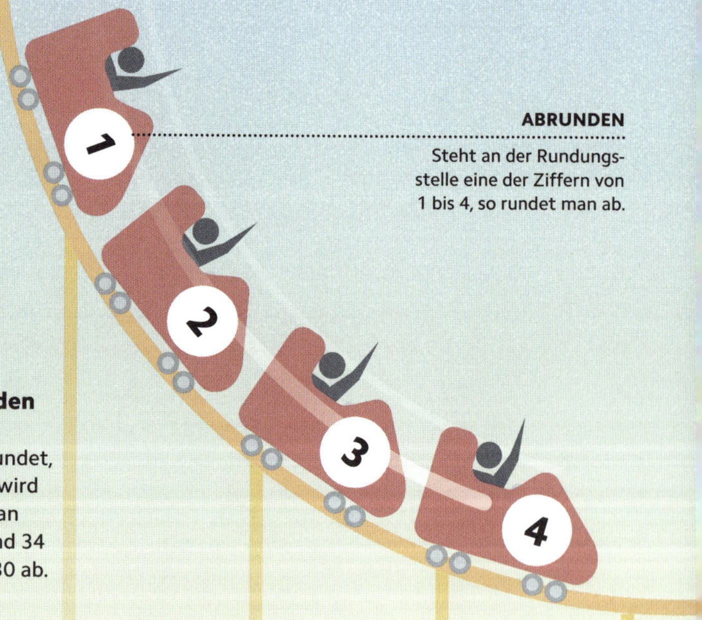

ABRUNDEN

Steht an der Rundungsstelle eine der Ziffern von 1 bis 4, so rundet man ab.

Auf den nächstliegenden Zehner runden

Ab der Mitte wird aufgerundet, alles unterhalb der Mitte wird abgerundet. 35 rundet man z. B. auf die Zahl 40 auf und 34 rundet man auf die Zahl 30 ab.

31 ≈ 30

Ungefähr gleich
Das Zeichen bedeutet »ungefähr gleich«. Es wird für gerundete Zahlen verwendet. Es gilt z.B.: 31 ≈ 30 oder 187 ≈ 200.

AUFRUNDEN

Steht an der Rundungsstelle eine der Ziffern von 5 bis 9, wird aufgerundet.

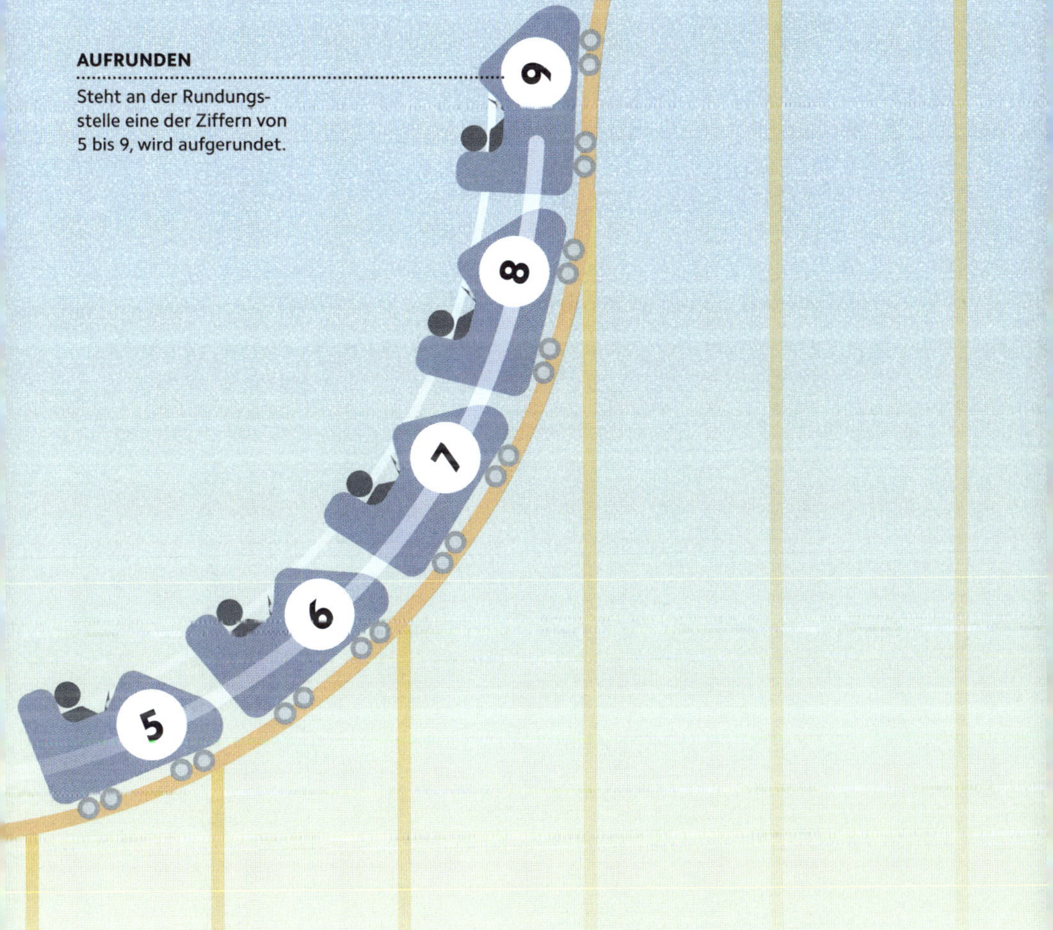

Brüche addieren
Gleichnamige Brüche (Brüche mit gleichem Nenner) werden addiert, indem man die Zähler addiert und den Nenner beibehält.

$\frac{1}{4}$ +

MIT BRÜCHEN RECHNEN

Will man Brüche addieren oder subtrahieren, so muss man sie zuerst auf denselben Nenner bringen (man macht sie gleichnamig): Dazu bestimmt man das kleinste gemeinsame Vielfache aller Nenner und erweitert die Brüche entsprechend (siehe unten). Anschließend addiert oder subtrahiert man die Zähler und schreibt das Ergebnis über den gemeinsamen Nenner. Die Multiplikation zweier Brüche ist ganz einfach: Man multipliziert den Zähler mit dem Zähler und den Nenner mit dem Nenner und schreibt die Ergebnisse erneut als Bruch. Bei der Division eines Bruchs durch einen anderen muss man zuerst Zähler und Nenner des zweiten Bruchs miteinander vertauschen und dann die beiden Brüche miteinander multiplizieren.

$$\frac{7}{12} \xrightarrow{\cdot 2} \frac{14}{24}$$

Gemeinsamer Nenner
Das kleinste gemeinsame Vielfache von 12 und 8 ist 24, dies ist der gemeinsame Nenner. Multipliziert man Zähler und Nenner eines Bruchs mit derselben Zahl, so erhält man jeweils einen gleichwertigen Bruch.

$$\frac{5}{8} \xrightarrow{\cdot 3} \frac{15}{24}$$

$\frac{2}{4}$ =

$\frac{3}{4}$

Bruch mal ganze Zahl
Einen Bruch mit einer natürlichen Zahl zu multiplizieren, ist dasselbe wie das (mehrfache) Addieren des Bruches zu sich selbst.

$$\frac{1}{6} \cdot 2 =$$

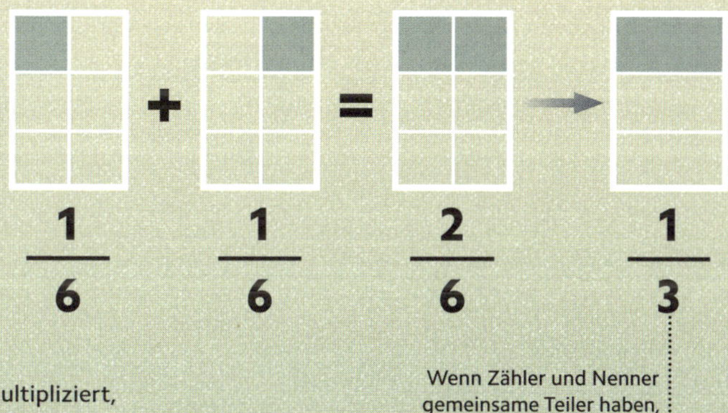

$$\frac{1}{6} + \frac{1}{6} = \frac{2}{6} \rightarrow \frac{1}{3}$$

Wenn Zähler und Nenner gemeinsame Teiler haben, wird das Ergebnis so weit wie möglich vereinfacht.

Bruch mal Bruch
Zwei Brüche werden multipliziert, indem man Zähler mal Zähler und Nenner mal Nenner rechnet.

1. Man multipliziert die Zähler.

2. Man multipliziert die Nenner.

3. Das Ergebnis wird vereinfacht.

$$\frac{2}{3} \cdot \frac{3}{4} = \frac{6}{12} = \frac{1}{2}$$

GEOME

TRIE

Geometrie ist der Zweig der Mathematik, der sich mit Geraden, Punkten, Flächen und Körpern beschäftigt. In dem berühmten Werk *Die Elemente* baut der griechische Mathematiker Euklid die Mathematik systematisch aus Definitionen und Axiomen auf. Seine Herangehensweise beeinflusst die Wissenschaft bis heute. Seit dem 19. Jh. entstanden jedoch im Zusammenspiel mit neuen Disziplinen wie dem Elektromagnetismus oder der Kosmologie weitere faszinierende Gebiete der Geometrie, sodass sie heute ein umfangreiches Forschungsgebiet der Mathematik ist. Ihre zahlreichen Anwendungen reichen von der Klimaforschung bis hin zur Mikrobiologie.

WINKEL MESSEN

TEIL EINER VOLLKREIS-DREHUNG

Ein rechter Winkel ist 90° groß und macht ein Viertel eines Vollkreises aus. Die beiden Schenkel stehen senkrecht (L-förmig) aufeinander.

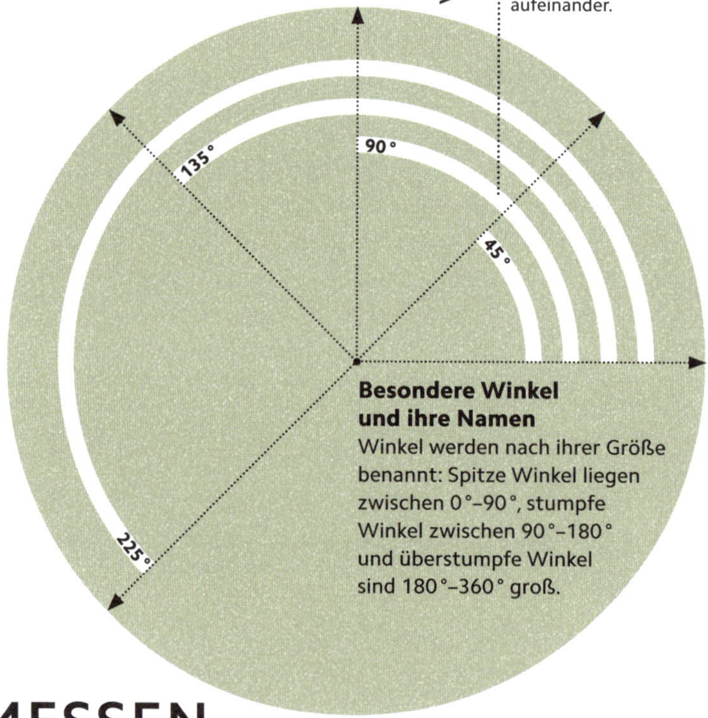

Besondere Winkel und ihre Namen

Winkel werden nach ihrer Größe benannt: Spitze Winkel liegen zwischen 0°–90°, stumpfe Winkel zwischen 90°–180° und überstumpfe Winkel sind 180°–360° groß.

Gehen zwei Strahlen von einem gemeinsamen Punkt S (Scheitel) aus, so bilden sie einen Winkel. Die Strahlen heißen Schenkel. Der zweite Schenkel geht durch Drehung (entgegen dem Uhrzeigersinn) des ersten Schenkels um S hervor. Die Winkelgröße ist ein Maß für den dabei überstrichenen Winkel. Ein Vollwinkel hat 360°. Oft wird die Winkelgröße auch im Bogenmaß angegeben. Im Bogenmaß entspricht die volle Umdrehung 2π (ungefähr 6,28). Bei der Navigation versteht man unter einem Kurs immer den dreiziffrig im Uhrzeigersinn gemessenen Winkel bezüglich der Nordrichtung. Kurs 090 ist also Kurs Ost.

WINKEL AN PARALLELEN

Parallele Geraden treffen sich in keinem Punkt. Werden parallele Geraden durch eine Transversale (Gerade, die andere Geraden kreuzt) geschnitten, entstehen an verschiedenen Stellen gleich große oder einander zu 180° ergänzende Winkelpaare. Beispielsweise sind die blauen Winkel in der Zeichnung gleich groß und ebenso die gelben Winkel.

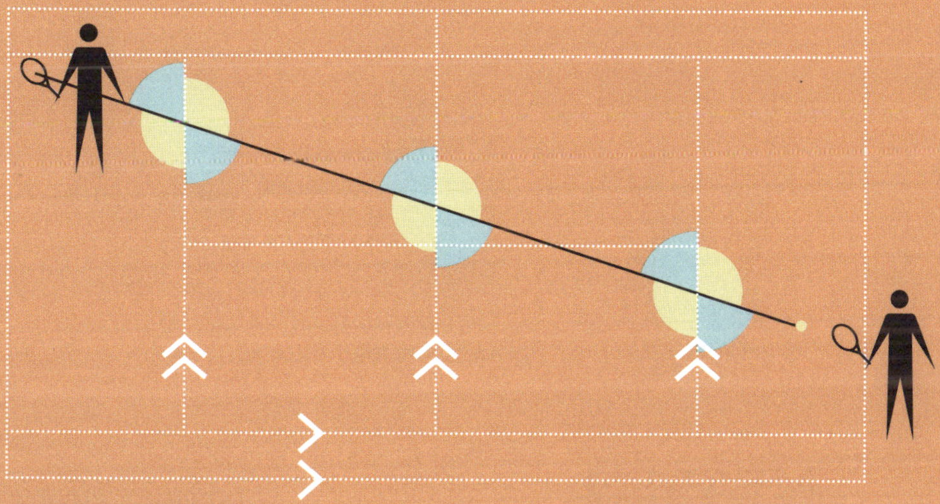

Parallelen und Winkel
Die Winkel α und γ liegen auf derselben Seite der Transversalen und sind Ergänzungswinkel. Sie addieren sich zu 180°. Die Winkel δ und ϵ liegen auf verschiedenen Seiten der Transversalen und sind Wechselwinkel. Wechselwinkel an Parallelen sind gleich groß.

STUFENWINKEL

Die beiden Winkel α und ϵ liegen auf derselben Seite der Transversalen, sie heißen Stufenwinkel. Stufenwinkel an Parallelen sind gleich groß.

ZEICHEN FÜR PARALLELITÄT

Die Parallelität von Geraden wird oft mittels gleicher Pfeile oder gleicher Doppelpfeile gekennzeichnet.

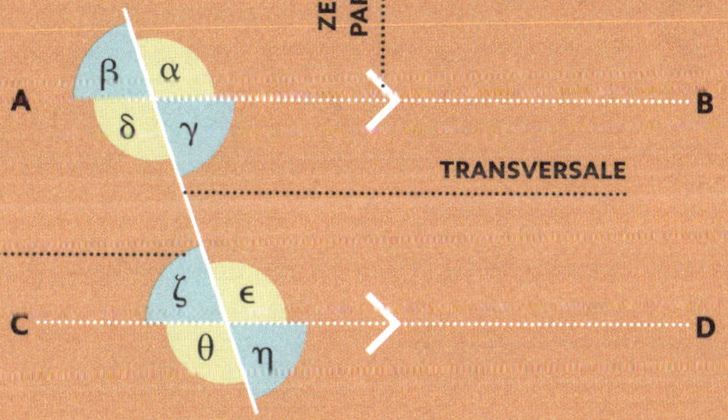

VIELECKE

Das Dreieck, die einfachste ebene Figur, hat drei Ecken und drei Kanten. Aufgrund seiner besonderen Stabilität findet es vielfältige Anwendungen in der Architektur. Polygone sind ebene, geschlossene Figuren mit geraden Kanten, ein weiteres Beispiel sind Vierecke. Ein Kreis ist eine ebene Figur mit einer einzigen, gebogenen Kante (siehe S. 105).

DREIECK
(3 SEITEN UND WINKEL)

VIERECK
(4 SEITEN UND WINKEL)

FÜNFECK/PENTAGON
(5 SEITEN UND WINKEL)

SECHSECK/HEXAGON
(6 SEITEN UND WINKEL)

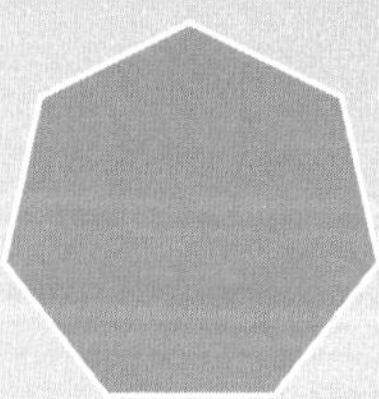

SIEBENECK/HEPTAGON
(7 SEITEN UND WINKEL)

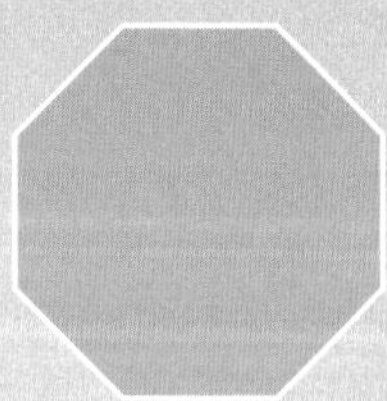

ACHTECK/OKTAGON
(8 SEITEN UND WINKEL)

Regelmäßige Polygone
In einem regelmäßigen Polygon sind alle Seiten / Kanten gleich lang und alle Winkel gleich groß. Je mehr Ecken ein regelmäßiges Polygon hat, desto mehr nähert sich die Form der eines Kreises an.

> »Wo Materie ist, dort ist auch Geometrie.«
> Johannes Kepler

NEUNECK / NONAGON
(9 SEITEN UND WINKEL)

ZEHNECK / DEKAGON
(10 SEITEN UND WINKEL)

ELFECK / HENDEKAGON
(11 SEITEN UND WINKEL)

ZWÖLFECK / DODEKAGON
(12 SEITEN UND WINKEL)

15-ECK / PENTADEKAGON
(15 SEITEN UND WINKEL)

20-ECK / IKOSAGON
(20 SEITEN UND WINKEL)

FLACH UND DREISEITIG

Das Dreieck ist das einfachste und zugleich das stabilste Polygon. Wegen dieser Formstabilität werden Dreiecksformen in vielen Konstruktionen verwendet, wie zum Beispiel für Strommasten und Dächer. Man unterscheidet die verschiedenen Dreieckstypen nach ihren Seiten und Winkeln.

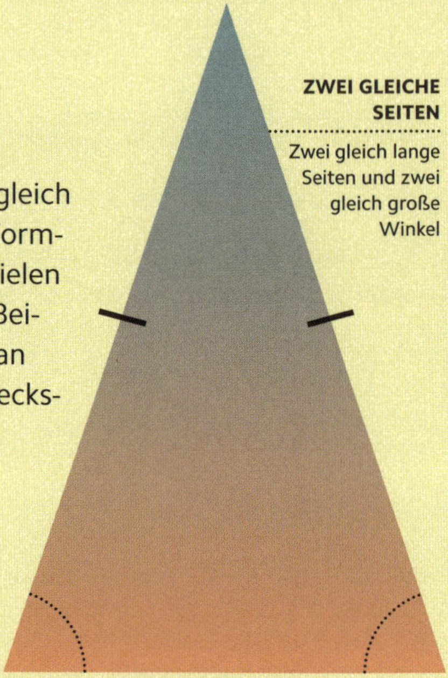

ZWEI GLEICHE SEITEN

Zwei gleich lange Seiten und zwei gleich große Winkel

GLEICHSCHENKLIG

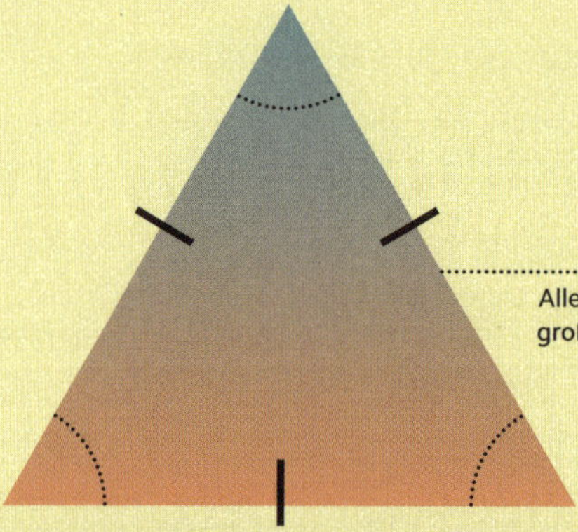

DREI GLEICH LANGE SEITEN

Alle Winkel sind 60° groß und alle Seiten sind gleich lang.

GLEICHSEITIG

ALLES UNTERSCHIEDLICH

Keine gleichen Winkel oder Seiten

UNGLEICHSEITIG

Nach den Seiten
Sind alle drei Seiten gleich lang, ist das Dreieck gleichseitig. Sind zwei Seiten gleich lang, ist das Dreieck gleichschenklig. Sind alle drei Seiten unterschiedlich lang, ist das Dreieck ungleichseitig.

> »… die kleinsten Teile der Materie seien [laut Plato] aus rechtwinkligen Dreiecken gebildet.«
>
> Werner Heisenberg

Nach Winkelgrößen

Ein Dreieck ist rechtwinklig, wenn sein größter Winkel 90° beträgt. In stumpfwinkligen Dreiecken ist der größte Winkel größer als 90°. Sind alle Winkel kleiner als 90°, so ist das Dreieck spitzwinklig.

RECHTWINKLIG

KLEINER ALS 90°

Alle drei Winkel sind spitz (kleiner als 90°).

SPITZWINKLIG

EIN WINKEL IST GRÖSSER ALS 90°

Ein Winkel ist größer als 90° und die beiden anderen Winkel sind spitz.

STUMPFWINKLIG

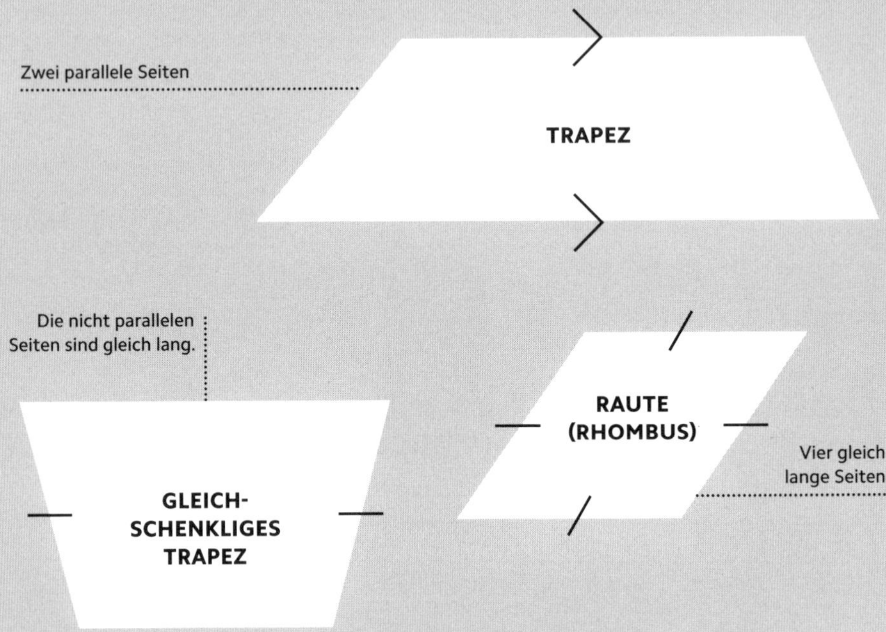

VIERECKE

Ein Viereck ist eine ebene Figur mit vier Ecken und vier Seiten sowie vier Innenwinkeln. Vierecke werden nach ihren Besonderheiten in verschiedene Klassen eingeteilt. Rauten haben beispielsweise vier gleich lange Seiten. Ein Quadrat ist also eine besondere Raute, es hat nämlich zusätzlich vier rechte Winkel. Außerdem ist ein Quadrat auch ein besonderes Rechteck, da alle vier Seiten gleich lang sind. Jedes Viereck kann in zwei Dreiecke zerlegt werden, daher beträgt die Winkelsumme im Viereck genau 360°.

Vierecke

Ein Viereck hat vier Seiten, vier Ecken und vier Innenwinkel, die unterschiedlich angeordnet sein können. Vierecke werden nach ihren Eigenschaften benannt.

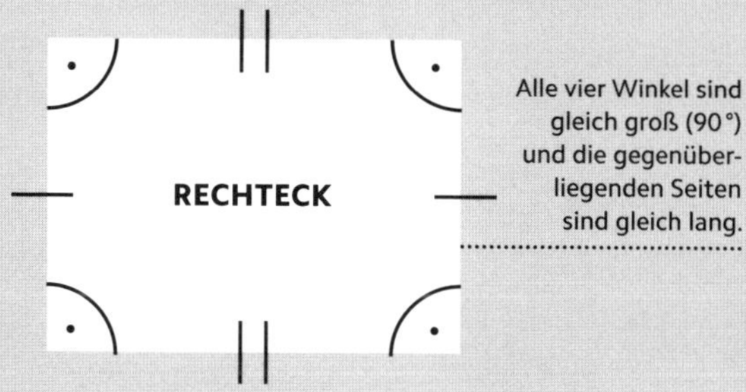

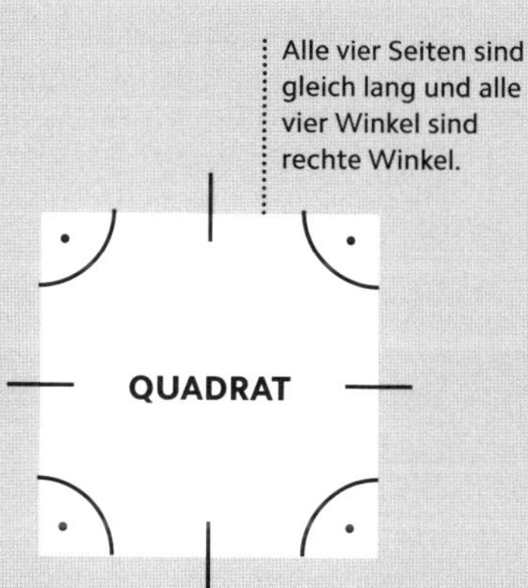

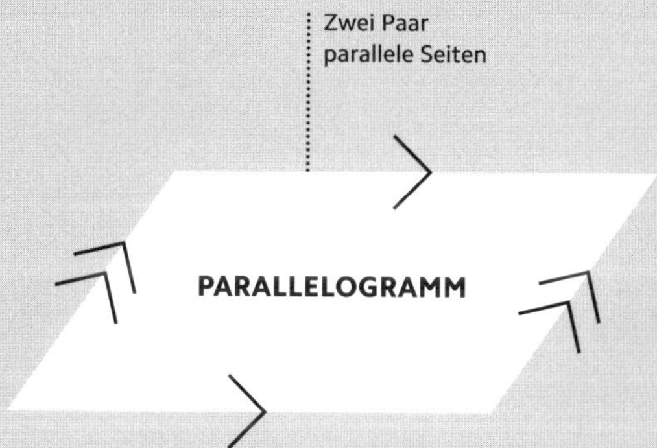

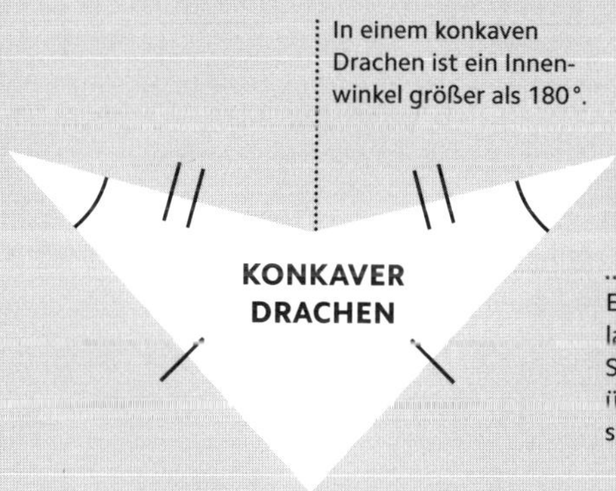

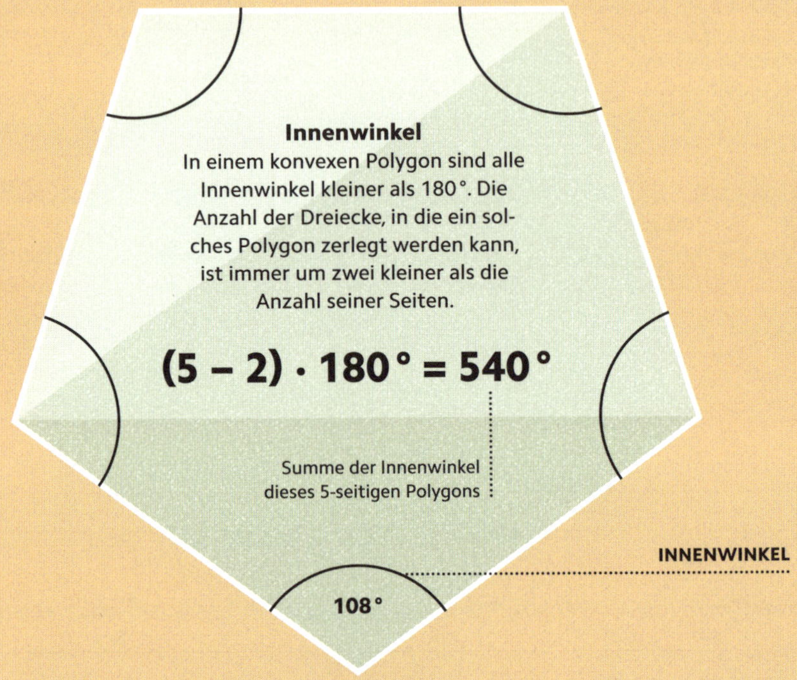

WINKELSUMMEN

Jedes Polygon kann in Dreiecke zerlegt werden, indem man nicht benachbarte Ecken miteinander verbindet. Man muss also nur die kleinste Anzahl von Dreiecken bestimmen, in die sich ein Polygon zerlegen lässt, um die Summe seiner Innenwinkel zu berechnen. Da die Winkelsumme im Dreieck 180° beträgt, ist die Summe der Innenwinkel eines Polygons gleich 180° multipliziert mit der um zwei verringerten Anzahl seiner Seiten. Die Summe der Innenwinkel eines Vierecks (siehe S. 46–47) beträgt 360°, die des Fünfecks beträgt 540° usw. Ein Außenwinkel entsteht durch Verlängerung einer Seite über die Ecke hinaus. Da die aneinander gelegten Außenwinkel eines Polygons einen Vollwinkel (Kreis) bilden, beträgt die Außenwinkelsumme eines Polygons immer 360°.

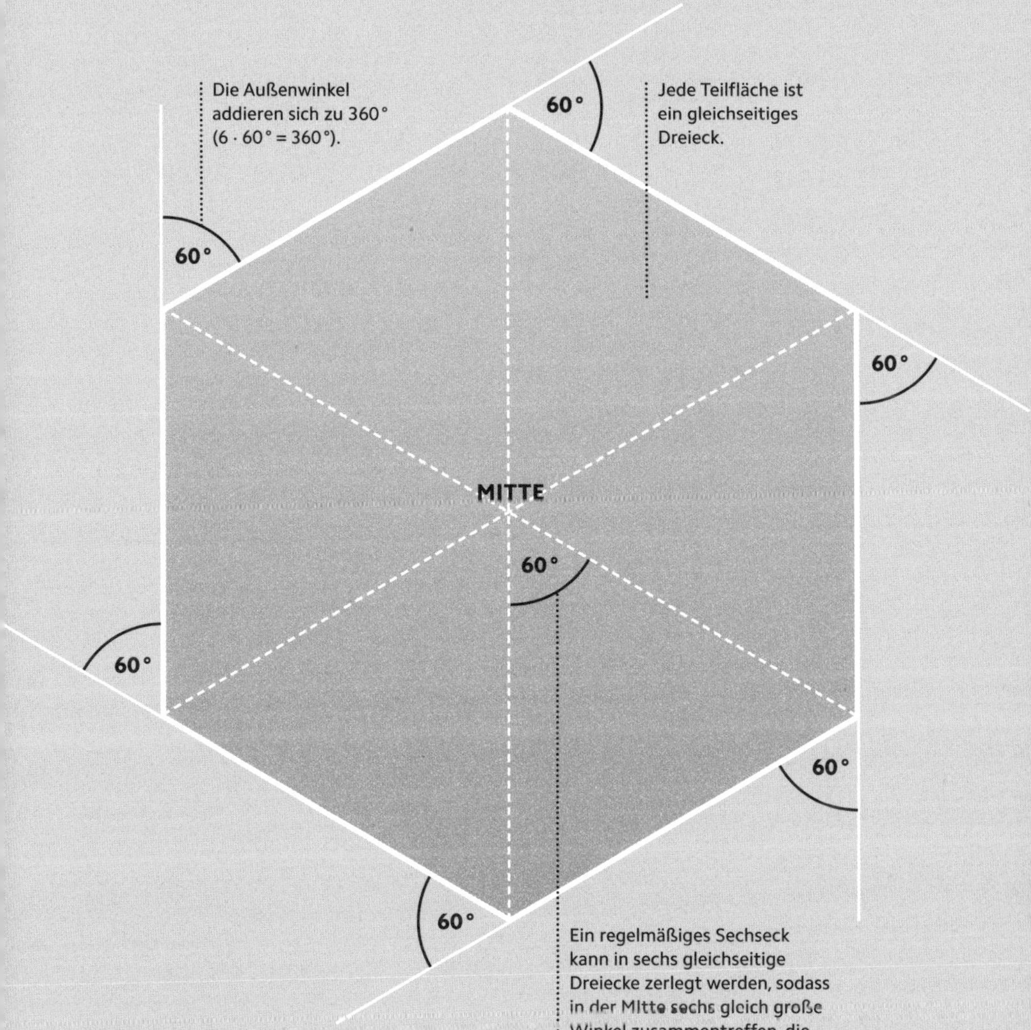

Außenwinkel
Die Außenwinkel eines Polygons addieren sich immer zu 360°. Daher kann man die Außenwinkel eines regelmäßigen Polygons berechnen, indem man 360° durch die Anzahl der Seiten des Polygons dividiert.

KÖRPER

Dreidimensionale (3-D) Figuren bezeichnet man als Körper. Polyeder sind spezielle Körper mit ebenen Begrenzungsflächen. Das einfachste Polyeder besteht aus vier Dreiecksflächen. Daneben gibt es weitere Körper wie die Kugel. Bei ihr haben alle Punkte der gebogenen Oberfläche denselben Abstand zum Mittelpunkt. Kegel und Zylinder haben sowohl gekrümmte wie auch ebene Begrenzungsflächen. Das Netz eines Körpers erhält man, indem man ihn entlang einiger Kanten aufschneidet und in der Ebene auslegt, was bei einem Polyeder sehr gut möglich ist. Eine Kugel kann man jedoch nicht so einfach in der Ebene auslegen, deshalb sind Weltkarten immer ein wenig verzerrt.

TETRAEDER Das Tetraeder besteht aus vier gleichseitigen Dreiecken, sechs Kanten und vier Ecken.

WÜRFEL Das sechsseitige Prisma hat sechs quadratische Begrenzungsflächen. Alle Kanten sind gleich lang und stehen senkrecht aufeinander.

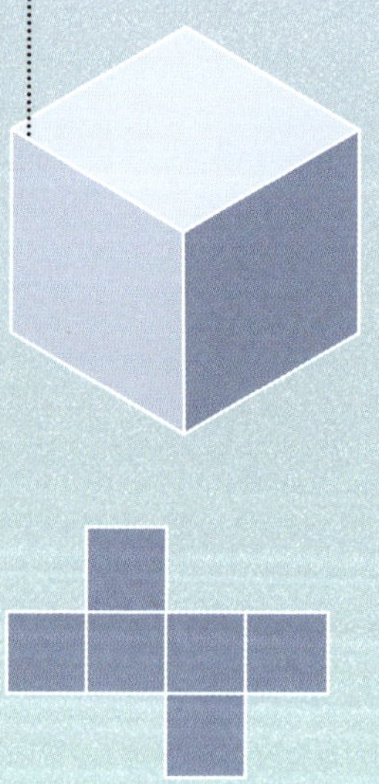

OKTAEDER Das regelmäßige Oktaeder besteht aus gleichseitigen Dreiecken. Es hat acht Flächen, 12 Kanten und sechs Ecken.

Jeder Platonische Körper war mit einem Element verknüpft:
Tetraeder – Feuer
Würfel – Erde
Oktaeder – Luft
Dodekaeder – Universum
Ikosaeder – Wasser.

Platonische Körper

Es gibt genau fünf regelmäßige Polyeder, die Platonischen Körper. Sie sind nach dem griechischen Philosophen Platon benannt. Ein regelmäßiges Polyeder hat ausschließlich deckungsgleiche, regelmäßige Polygone als Begrenzungsflächen. In jeder Ecke eines Platonischen Körpers treffen gleich viele Kanten aufeinander.

DODEKAEDER

Dieser Körper besteht aus regelmäßigen Fünfecken. Das regelmäßige Dodekaeder hat 12 Flächen, 30 Kanten und 20 Ecken.

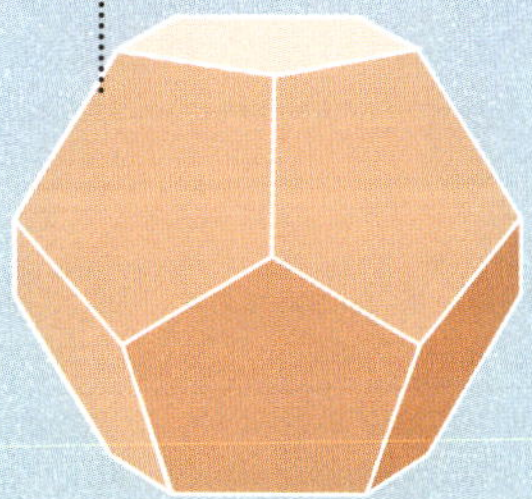

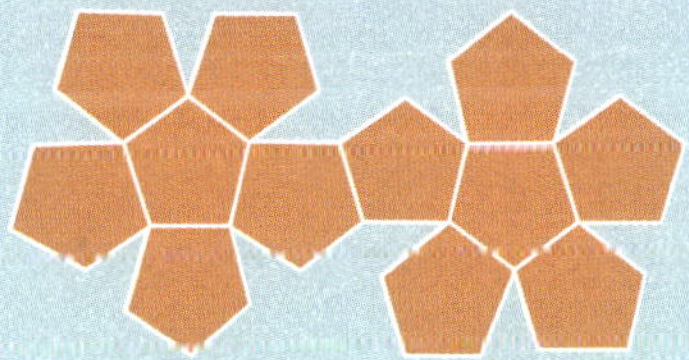

IKOSAEDER

Das regelmäßige Ikosaeder besteht aus gleichseitigen Dreiecken (siehe S. 44) und hat 20 Flächen, 30 Kanten und 12 Ecken.

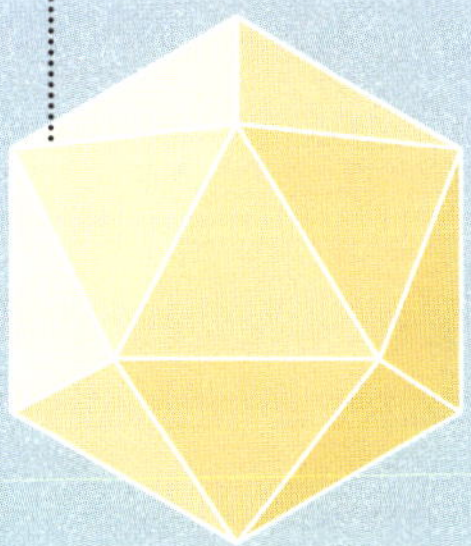

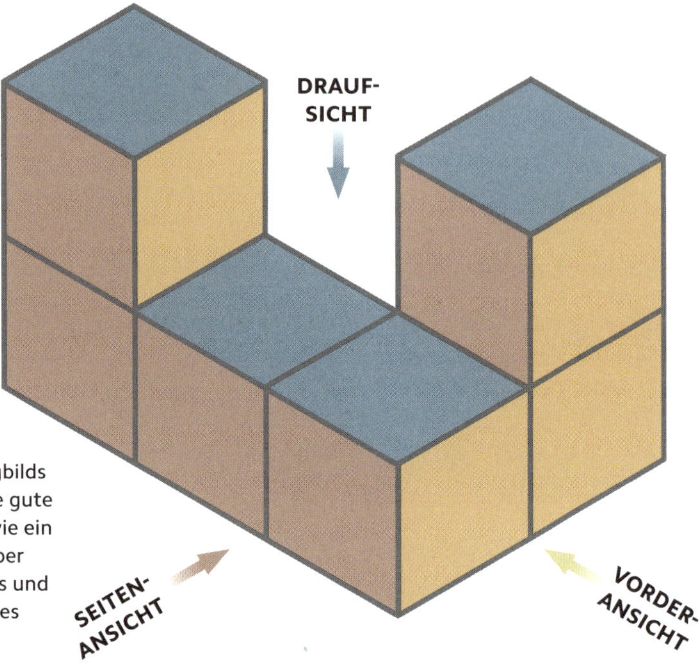

3-D-Ansicht
Mithilfe eines Schrägbilds erhält man zwar eine gute Vorstellung davon, wie ein Gebäude aussieht, aber mit Grundriss, Aufriss und Seitenriss kann man es exakter darstellen.

BAUPLÄNE

Mithilfe von Bauplänen lassen sich dreidimensionale Objekte (Körper, Gebäude) zweidimensional darstellen. Die Draufsicht zeigt das Objekt von oben, Front- und Seitenansicht zeigen das Objekt von vorn beziehungsweise von der Seite. Eine weitere Möglichkeit, einen Körper zweidimensional darzustellen, ist sein in der Ebene aufgefaltetes Netz (siehe S. 50).

DRAUFSICHT (GRUNDRISS)
Ansicht direkt (senkrecht) von oben

SEITENANSICHT (SEITENRISS)
Ansicht direkt von der Seite

VORDERANSICHT (AUFRISS)
Ansicht von vorne

Symmetrieachsen
Eine ebene Figur ist achsensymmetrisch (spiegelsymmetrisch), wenn sie durch Spiegelung entlang einer Achse auf sich selbst abgebildet werden kann.

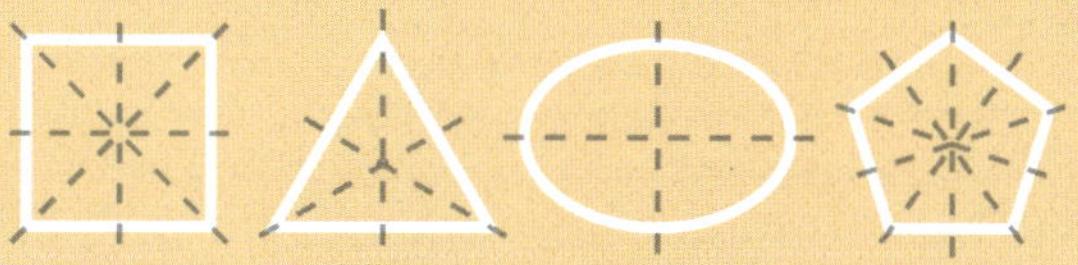

SYMMETRIEN

Eine Figur heißt drehsymmetrisch, wenn sie bei einer Drehung um einen festen Punkt (das Symmetriezentrum) auf sich selbst abgebildet werden kann. Einige Figuren kann man auch mehrfach weiterdrehen. Die Anzahl der möglichen Drehungen heißt Symmetrieordnung. Ein Quadrat kann beispielsweise viermal weitergedreht werden, bis es mit sich selbst zur Deckung kommt, und hat somit die Symmetrieordnung 4. Eine Figur heißt achsensymmetrisch, wenn sie durch Spiegelung entlang einer Achse auf sich selbst abgebildet wird.

Symmetrie eines Quaders
Auch dreidimensionale Objekte können dreh- oder achsensymmetrisch sein.

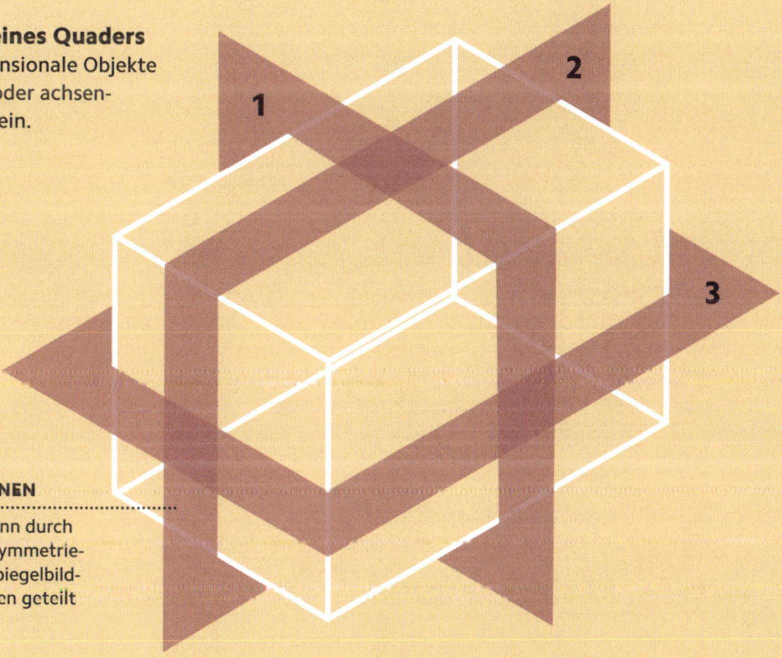

SYMMETRIEEBENEN

Dieser Quader kann durch jede seiner drei Symmetrieebenen in zwei spiegelbildliche Körperhälften geteilt werden.

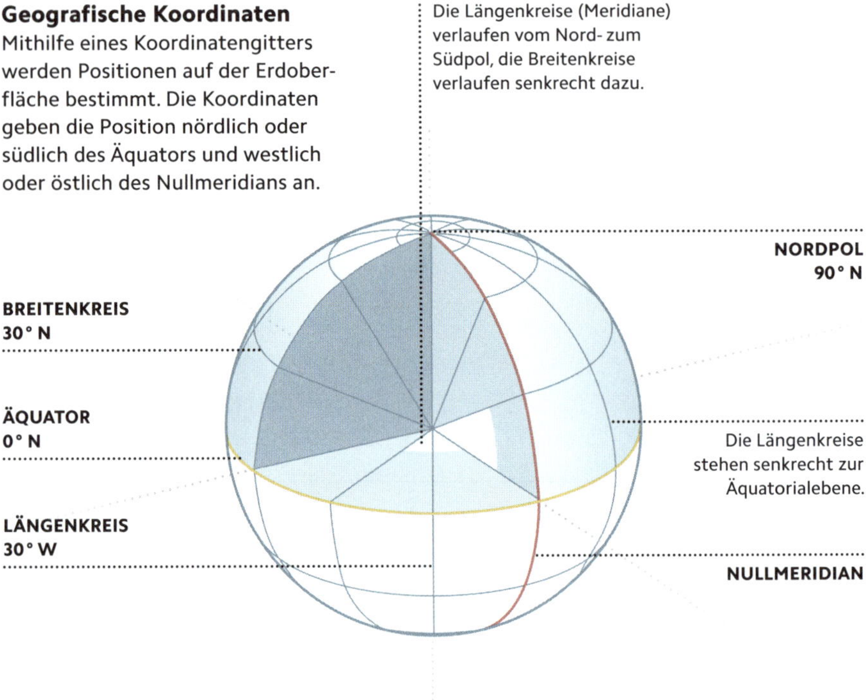

Geografische Koordinaten
Mithilfe eines Koordinatengitters werden Positionen auf der Erdoberfläche bestimmt. Die Koordinaten geben die Position nördlich oder südlich des Äquators und westlich oder östlich des Nullmeridians an.

PUNKTE DARSTELLEN

Die Koordinatengeometrie heißt nach ihrem Erfinder, dem französischen Philosophen René Descartes, auch kartesische Geometrie: Zwei Achsen stehen senkrecht aufeinander, der Schnittpunkt dieser beiden »Koordinatenachsen« heißt Ursprung. Die Koordinaten jedes Punktes geben eindeutig seine Entfernung zum Ursprung an. Mithilfe der Koordinatengeometrie lassen sich Punkte, Geraden und Kurven algebraisch beschreiben und anschaulich darstellen. Die Gleichung $x^2 + y^2 = 1$ gilt beispielsweise für jeden Punkt der Ebene, der genau eine Einheit vom Ursprung entfernt ist.

Kartesisches Koordinatensystem
Die horizontale x-Achse und die vertikale y-Achse eines Koordinatensystems stehen im Ursprung, dem »Nullpunkt«, senkrecht aufeinander. Die Koordinaten werden als Zahlenpaar in Klammern geschrieben und durch einen senkrechten Strich oder ein Semikolon getrennt. Fügt man eine dritte senkrechte Achse (z) hinzu, so kann eine dritte Dimension dargestellt werden.

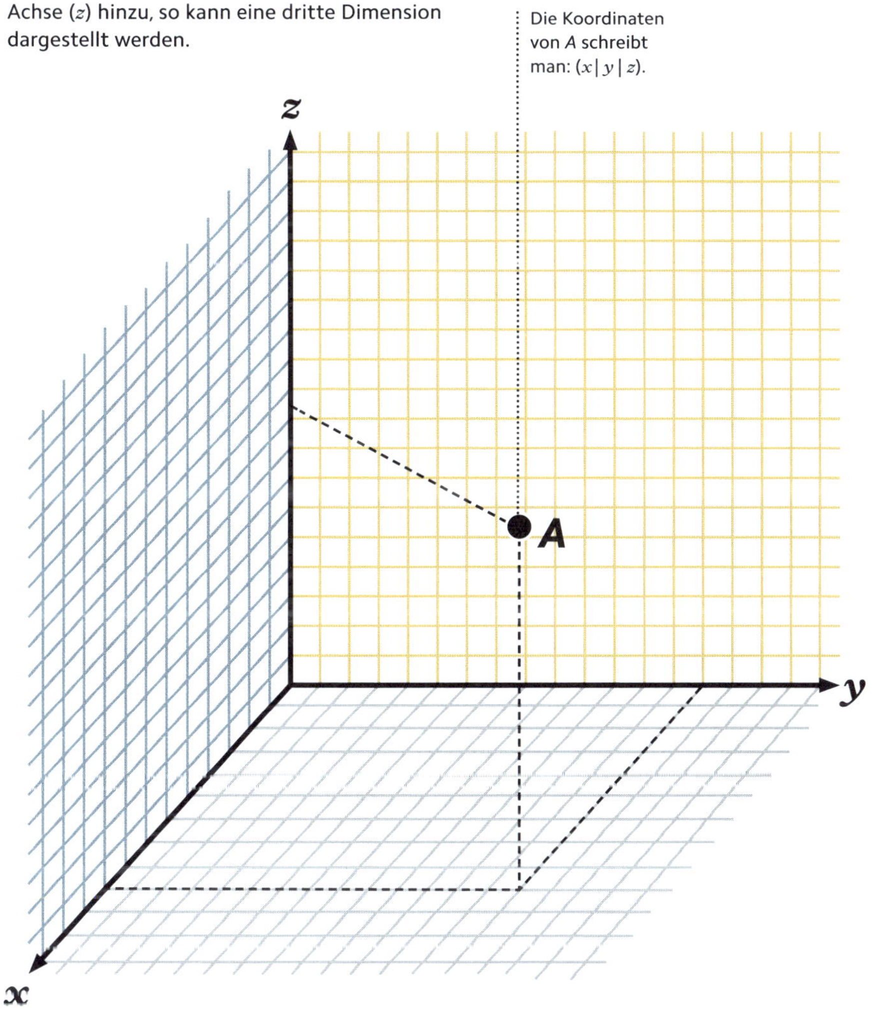

FORMEN ABBILDEN

Eine geometrische Abbildung führt ein geometrisches Objekt in ein Bild über. Spiegelung, Drehung und Verschiebung sind Abbildungen, bei denen das Bild dieselbe Größe und Form hat wie das Original, mit anderen Worten: Bild und Original sind kongruent (deckungsgleich). Die zentrische Streckung hingegen führt das Original in eine ähnliche Figur über, die größer oder kleiner sein kann. Abbildungen werden häufig bei Computergrafiken eingesetzt.

Abbildungen
Die vier wichtigsten geometrischen Abbildungen sind Spiegelung, Drehung, Translation (Verschiebung) und zentrische Streckung. Die Abbildung geht von einem Original (Urbild) aus, und das Ergebnis ist das Bild.

ZENTRISCHE STRECKUNG
Bei der zentrischen Streckung wird ein Bild erzeugt, das dieselbe Form hat wie das Original, aber meist nicht dieselbe Größe. Alle Winkel sind gleich groß und die Seitenlängen von Original und Bild sind proportional zueinander.

PUNKTSPIEGELUNG
Das Ergebnis ist einfach das Spiegelbild des Objekts.

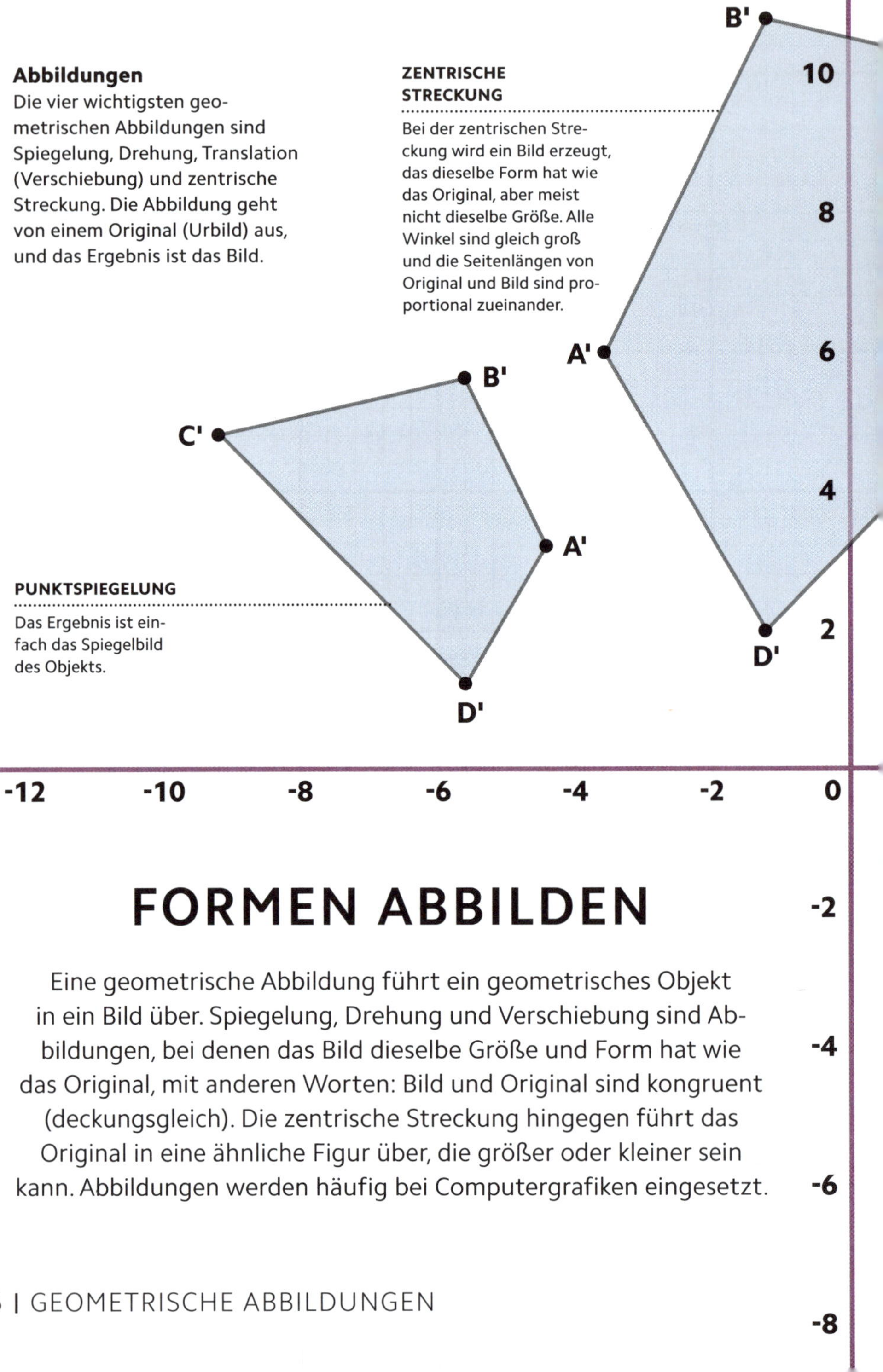

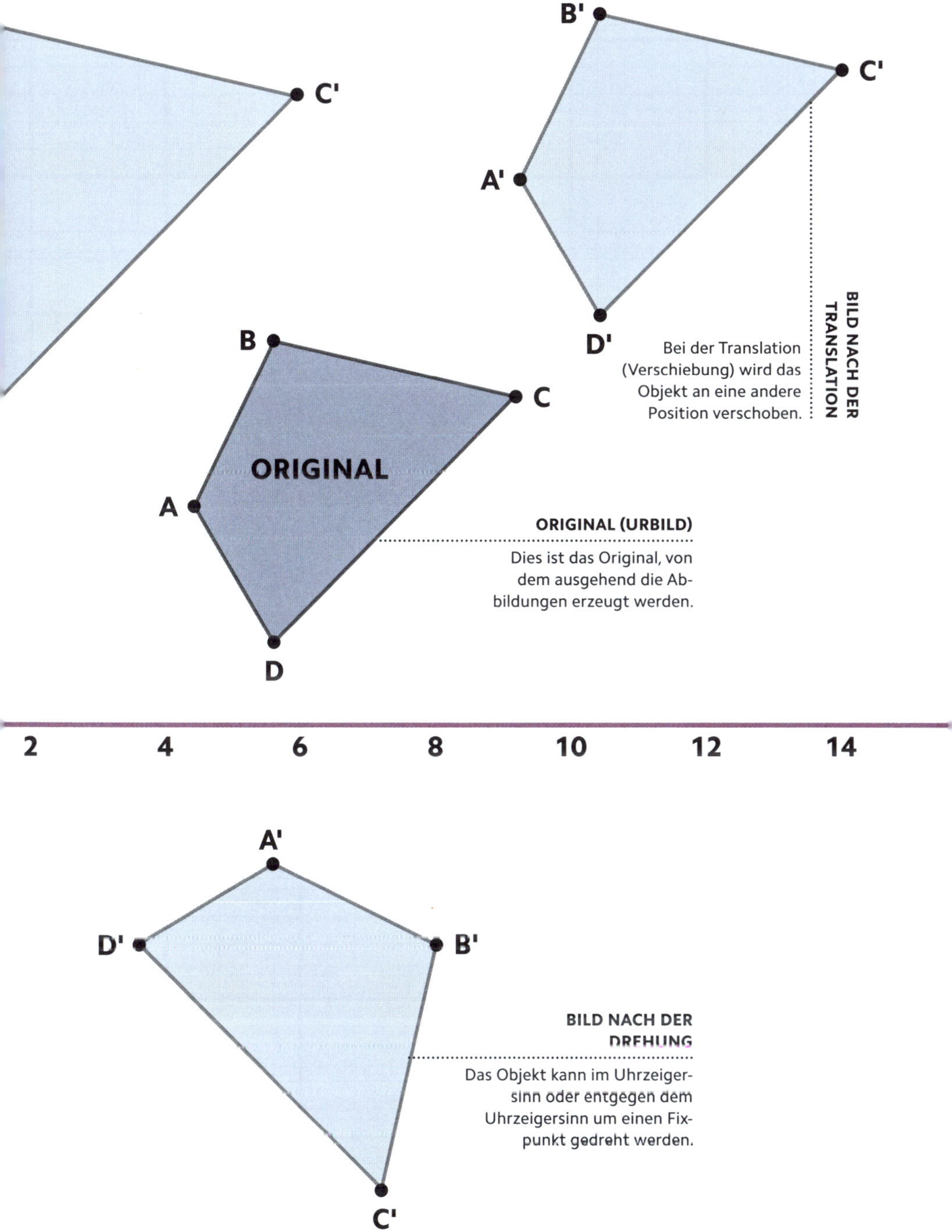
B'
C'
A'
D'
C'
BILD NACH DER TRANSLATION
Bei der Translation (Verschiebung) wird das Objekt an eine andere Position verschoben.
B
C
ORIGINAL
A
D
ORIGINAL (URBILD)
Dies ist das Original, von dem ausgehend die Abbildungen erzeugt werden.
2
4
6
8
10
12
14
A'
D'
B'
C'
BILD NACH DER DREHUNG
Das Objekt kann im Uhrzeigersinn oder entgegen dem Uhrzeigersinn um einen Fixpunkt gedreht werden.

VERFORMEN

NUR EINE FLÄCHE

Ein Möbiusband entsteht, wenn man einen Papierstreifen einmal in sich verdreht und an den Enden zusammenklebt.

Die Wurzeln der Topologie liegen in der Arbeit des schweizer Mathematikers Leonhard Euler über konvexe Polyeder. Sie wird scherzhaft auch »Gummigeometrie« genannt. Dahinter steckt die Vorstellung eines Gummibands, das man ziehen und drehen kann, nicht aber schneiden und kleben darf. Daher kann man sich diese Objekte auch ganz ohne Maße wie Längen, Proportionen oder Winkelgrößen vorstellen. In der Topologie sind nur die relativen Lagen der Objekte zueinander von Bedeutung, nicht aber die Abstände oder Winkel zwischen den Objekten.

Ähnliche Figuren

Eine Tasse und ein Donut (die Form heißt Torus) sind äquivalent, weil die eine Figur in die andere Figur übergeführt werden kann, und zwar ausschließlich durch Verformungen der Ausgangsfigur.

KEIN LOCH

Da dem Zylinder nur eine Deckfläche fehlt, kann man das Innere füllen. Topologisch betrachtet wären also ein Glas und ein Teller ebenso äquivalent.

DEN TORUS FORMEN

Ist der Zylinder gefüllt, kann man mit dem Umformen beginnen. Mithilfe des ursprünglichen Griffs wird der Torus geformt.

Möbiusband

Diese geometrische Form, benannt nach dem deutschen Mathematiker August Möbius, hat erstaunlicherweise nur eine einzige Fläche und eine einzige Kante. Es gibt kein herkömmliches »Innen« und »Außen«. Das Band kann in alle Richtungen gestreckt oder gebogen werden, aber selbst dann hat es immer nur eine Oberfläche.

DIESELBE FORM

Weder Becher noch Donut können zu einer Acht geformt werden, da diese zwei Löcher hat.

4-D-GEOMETRIE

Der Mathematiker Hermann Minkowski fügte dem dreidimensionalen Koordinatensystem im 19. Jh. die Zeit als vierte Dimension hinzu. Die sogenannte »Raumzeit« ist erforderlich, um Einsteins Relativitätstheorie zu verstehen. Drei der Koordinaten entsprechen dem euklidischen Raum, die vierte Koordinate für die Zeit ist neu. Jedes Ereignis ist durch den Ort und die Zeit, zu der es stattfand, festgelegt. Die Lichtgeschwindigkeit ist konstant, daher ist Zeit eine relative Größe und abhängig von Bewegung. Erscheinen zwei Ereignisse dem einen Beobachter als gleichzeitig, so kann ein anderer Beobachter sie als zeitversetzt wahrnehmen.

> **»… sollen Raum für sich und Zeit für sich völlig zu Schatten herabsinken und nur eine Art Union der beiden soll Selbständigkeit bewahren.«**
>
> Hermann Minkowski

Raumzeit
Laut Minkowski gibt es drei räumliche Achsen und eine Zeitachse.

ZUKUNFT
Zukunft des Beobachters

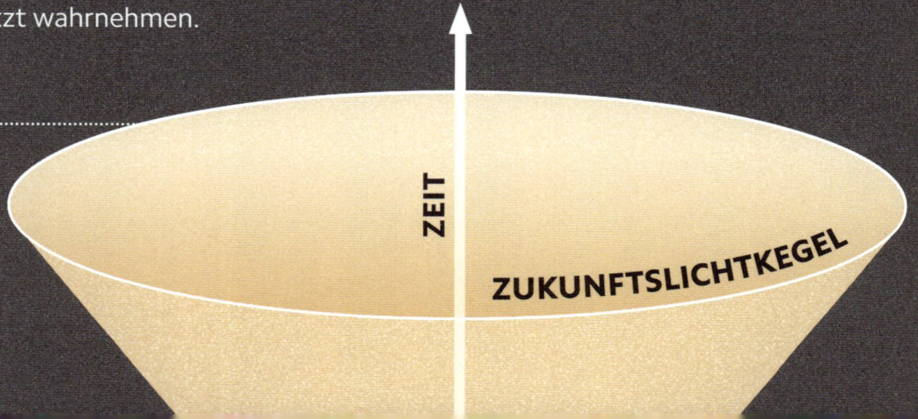

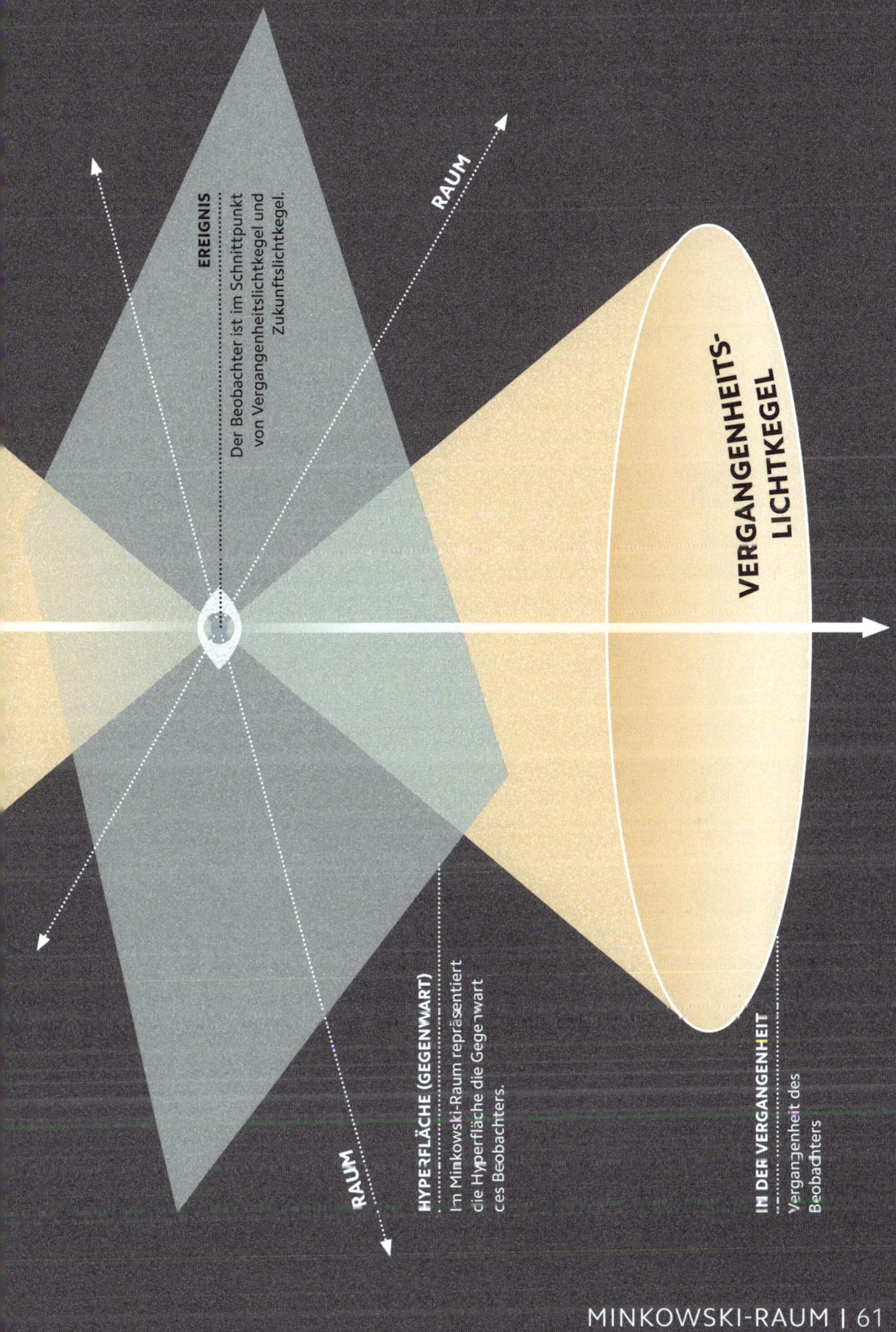
EREIGNIS
Der Beobachter ist im Schnittpunkt von Vergangenheitslichtkegel und Zukunftslichtkegel.
RAUM
VERGANGENHEITS-LICHTKEGEL
HYPERFLÄCHE (GEGENWART)
Im Minkowski-Raum repräsentiert die Hyperfläche die Gegenwart des Beobachters.
RAUM
IN DER VERGANGENHEIT
Vergangenheit des Beobachters

DIFFIZIL UND DOCH EINFACH

In der Natur gibt es viele Formen, die aus immer kleiner werdenden, selbstähnlichen Figuren bestehen. Von einem Baumstamm gehen Äste aus und von diesen Ästen immer weitere, kleinere Verzweigungen. Ein Fraktal ist eine idealisierte Darstellung eines selbstähnlichen Gebildes. Je weiter man hineinzoomt, desto mehr kleinere und immer kleinere ähnliche Gebilde erscheinen. Fraktale lassen sich oft mittels einer einfachen mathematischen Methode erstellen, umso überraschender ist ihre Komplexität. Daher werden Fraktale häufig zur Simulation natürlicher Objekte wie Berge, Küstenlinien oder Bäume eingesetzt.

Endlose Näherung
Der Umfang der »Kochschen Schneeflocke« ist letztlich unendlich lang, ihr Flächeninhalt (siehe S.104) ist jedoch endlich.

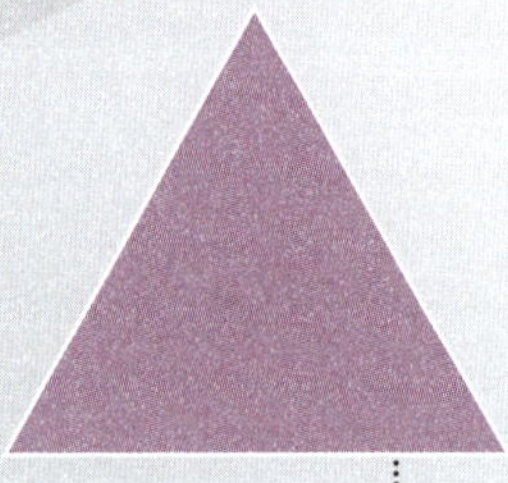

EIN DREIECK

So entsteht eine Kochsche Schneeflocke: Zuerst wird ein gleichseitiges Dreieck gezeichnet.

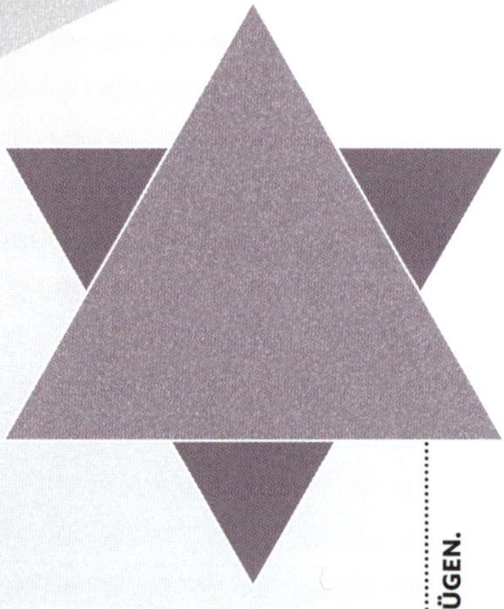

DREIECKE HINZUFÜGEN.

In der Mitte jeder Dreiecksseite werden kleinere gleichseitige Dreiecke hinzugefügt. Jedes von ihnen hat eine Seitenlänge von einem Drittel der Seitenlänge des Ausgangsdreiecks.

BESCHRÄNKTE FLÄCHE

Der Umfang wächst mit jeder weiteren Iteration und über alle Grenzen hinaus, der Flächeninhalt ist hingegen beschränkt.

FORMEN WIEDERHOLEN SICH.

Die kleinen Dreiecke an den Kanten sind mikroskopisch kleine Wiederholungen des Ausgangsdreiecks.

A L G E B

R A

Der Begriff Algebra wurde abgeleitet von dem arabischen Wort *al-jabr*, dies bedeutet »Vervollständigung« oder »Zusammenfügen gebrochener Teile«. Symbole oder Buchstaben werden in mathematische Gleichungen eingesetzt, um einerseits die Gleichungen durch entsprechende Umformungen zu lösen, oder um andererseits die Relation zwischen zwei Variablen auszudrücken. Das Herstellen von algebraischen Relationen bietet neben finanzmathematischen Anwendungen eine elegante Möglichkeit, wissenschaftliche Theorien effektiv zu testen und anzupassen.

Verschiedene Termarten
In algebraischer Schreibweise werden Buchstaben häufig als Platzhalter für Zahlen verwendet. Zahlen, die als Faktor vor diesen Buchstaben stehen, heißen Koeffizienten.

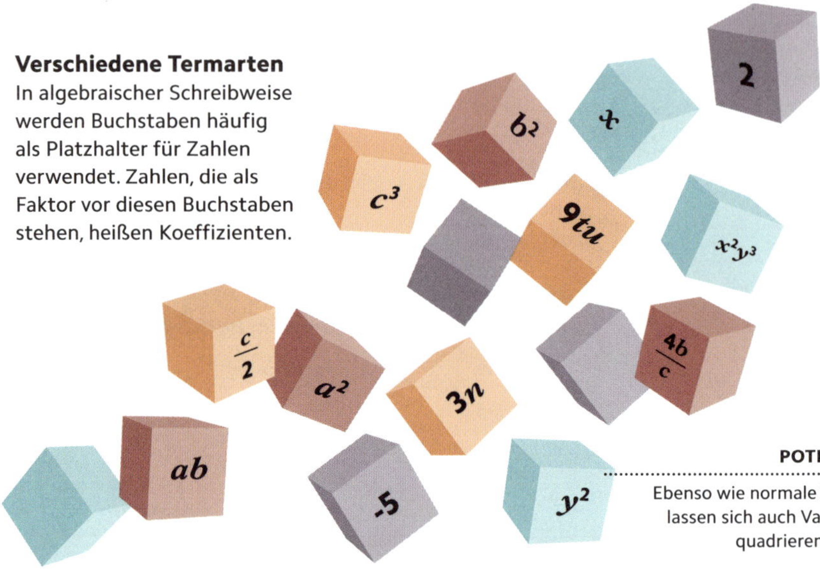

POTENZEN
Ebenso wie normale Zahlen lassen sich auch Variablen quadrieren ($y \cdot y$).

BAUSTEINE

Algebra ist die Sprache der Mathematik. Terme entsprechen Wörtern, Ausdrücke entsprechen Sätzen. Feste Regeln bestimmen, wie Terme und Ausdrücke zusammengefasst und verwendet werden dürfen. Jeder algebraische Term ist entweder eine Zahl, eine Variable (ein Buchstabe, der für einen unbekannten Wert steht) oder eine Zusammensetzung aus diesen beiden Elementen. Der Term $6x$ bedeutet »6 mal die Variable x«. Terme, die durch Addition oder Subtraktion miteinander verknüpft werden, bilden einen Ausdruck (siehe unten).

Vielfältige Terme
Der Ausdruck besteht aus den Termen $6x$, 7, x, $2ab$, 2, y und $5ab$.

VERSCHIEDENE VARIABLEN
In diesem Term werden die einzelnen Teile miteinander multipliziert: $5ab = 5 \cdot a \cdot b$.

VEREINFACHEN

Meist geht es um das Umformen und Vereinfachen mathematischer Ausdrücke. Komplexere Ausdrücke werden so umgeformt, dass sie einfacher zu handhaben sind. Zuerst sortiert man die Terme nach der Variablen und ordnet sie entsprechend neu an (im Beispiel unten würden also unter anderem $6x - x$ oder $7 - 2$ zusammensortiert). Anschließend wird durch Ausrechnen zusammengefasst.

$$6x + 7 - x + 2ab - 2 + y - 5ab$$

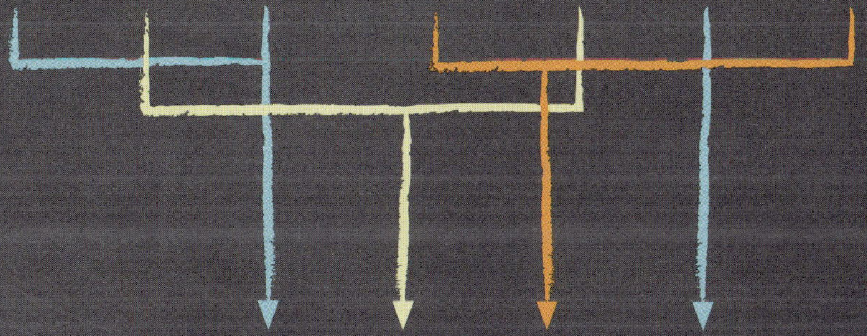

$$5x + 5 - 3ab + y$$

VARIABLE X

Hier werden gleiche Terme zu $5x$ zusammengefasst.

VARIABLEN AB

Die Schreibweise (ab) ist eine verkürzte Schreibweise von $a \cdot b$.

NEGATIVER TERM

Hier wird subtrahiert, da vor dem zweiten Term ein Minuszeichen steht: $2ab - 5ab = -3ab$.

Nur gleiche Terme vereinfachen

Es dürfen nur gleiche Terme zusammengefasst und vereinfacht werden, z.B. $6x - x = 5x$. Die Terme $6x + y$ dürfen nicht vereinfacht werden.

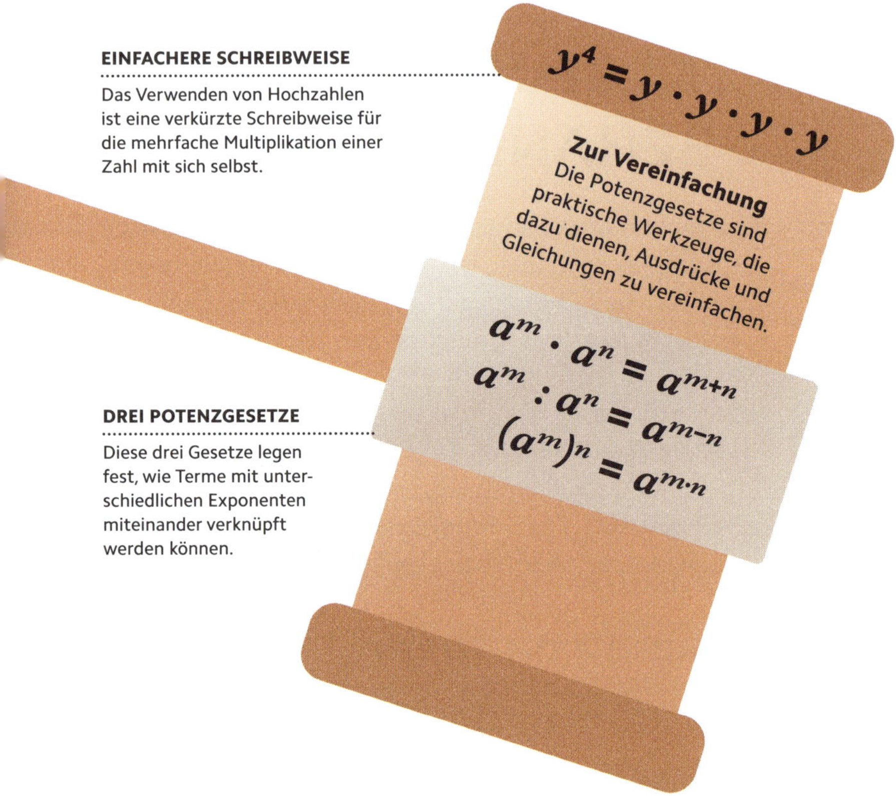

POTENZEN

Eine Potenz besteht aus einem Exponenten (Hochzahl) und einer Basis. Die Basis kann eine Zahl oder ein Term sein. Der Exponent gibt an, wie oft die Basis mit sich selbst multipliziert wird. Die Potenzgesetze lauten: Potenzen mit gleicher Basis werden multipliziert, indem man ihre Exponenten addiert. Potenzen mit gleicher Basis werden dividiert, indem man den Exponenten des Divisors von dem des Dividenden subtrahiert. Exponenten werden potenziert, indem man die Exponenten multipliziert (siehe oben).

KLAMMERN BEHANDELN

Das Ausmultiplizieren und Ausklammern von Termen sind grundlegende mathematische Fertigkeiten. Je nachdem, wie komplex der Ausdruck ist oder welches Ziel man verfolgt, kann das einfach oder schwierig sein. In dem hier gezeigten Beispiel ist offensichtlich, was zu tun ist. Ausdrücke mit zwei Klammern sind dagegen schon etwas komplizierter, denn hier muss jeder Term der ersten Klammer mit jedem Term der zweiten Klammer multipliziert werden: $(x + 3)\ (x + 4)$ ergibt beispielsweise ausmultipliziert den Ausdruck $x^2 + 7x + 12$.

AUSMULTIPLIZIEREN

Alles in der Klammer muss mit 2 multipliziert werden.

Beim Ausmultiplizieren werden die Klammern entfernt.

$$2(x+y) = 2x + 2y$$

2 ist ein gemeinsamer Faktor beider Terme.

AUSKLAMMERN

Ausdrücke umformen

Will man eine Klammer entfernen, muss man jeden Term innerhalb der Klammer mit dem Faktor außerhalb der Klammer multiplizieren. Will man umgekehrt den größten gemeinsamen Faktor mehrerer Terme ausklammern (hier bei $2x$ und $2y$ ist das der Faktor 2), wird dieser vor die Klammer geschrieben und der Rest kommt in die Klammer.

RELATIONEN DEFINIEREN

Die Relation zwischen Variablen wird meist mithilfe von Formeln ausgedrückt. Um einen unbekannten Wert zu berechnen, setzt man bekannte Werte in die Formel ein. Ist eine Temperatur beispielsweise in Grad Celsius (° C) gegeben, so kann sie mithilfe der unten stehenden Formel in Grad Fahrenheit (° F) umgerechnet werden. Mithilfe von Formeln lassen sich zum Beispiel Geschwindigkeiten von bewegten Körpern, Flächeninhalte von Dreiecken oder Volumen von Körpern berechnen (siehe S.106–107).

Temperatur in Fahrenheit

Temperatur in Celsius

$$F = \frac{9C}{5} + 32$$

Eine Temperatur umrechnen
25 °C soll in °F umgerechnet werden. Laut Formel muss man dazu 25 mit 9 multiplizieren (225), dies durch 5 dividieren (45) und zum Schluss 32 addieren. Das Ergebnis ist 77 °F.

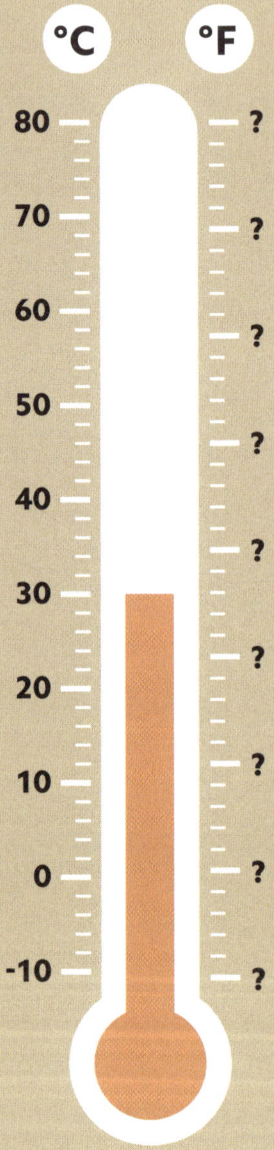

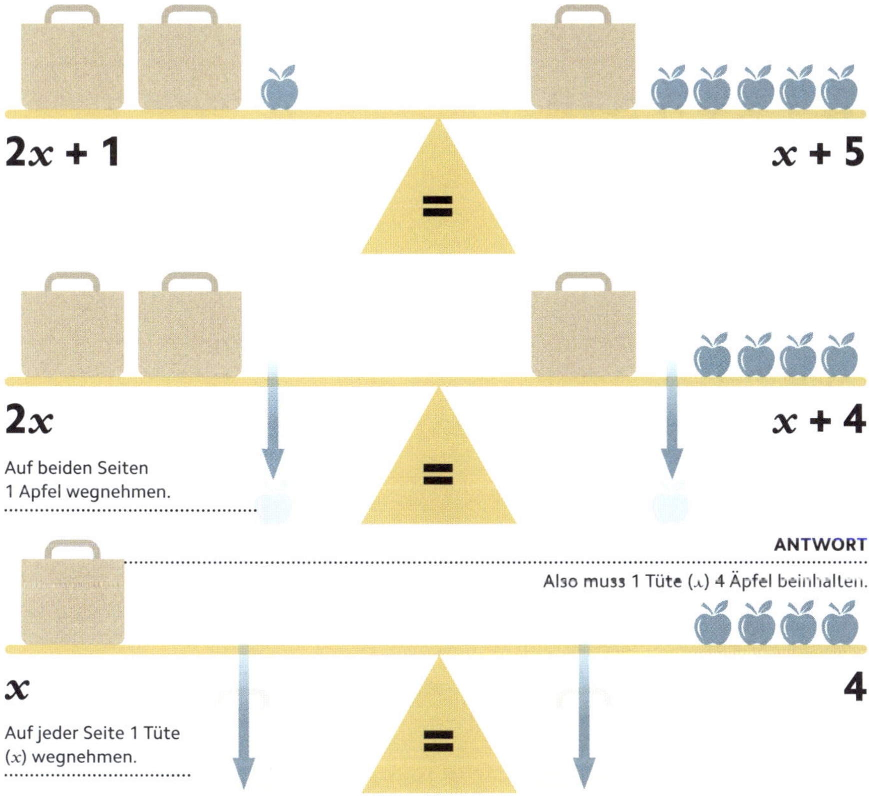

Immer in Balance bleiben
Solange auf jeder Seite gleich viel weggenommen wird, bleibt die Gleichung ausgewogen, und man kann die Anzahl der Äpfel in einer Tüte (x) bestimmen.

IM GLEICHGEWICHT

Eine Gleichung besteht aus zwei Ausdrücken, die durch ein Gleichheitszeichen verbunden sind. Lineare Gleichungen enthalten nur eine Variable und Zahlen. Ein einfaches Beispiel wie $x + 3 = 5$ führt sofort zu dem Ergebnis $x = 2$. In komplexeren Fällen muss jeweils auf beiden Seiten mit demselben Wert dieselbe Rechenoperation durchgeführt werden (Addition, Subtraktion, Multiplikation oder Division), um das Ergebnis zu berechnen.

WAS SIND QUADRATISCHE GLEICHUNGEN?

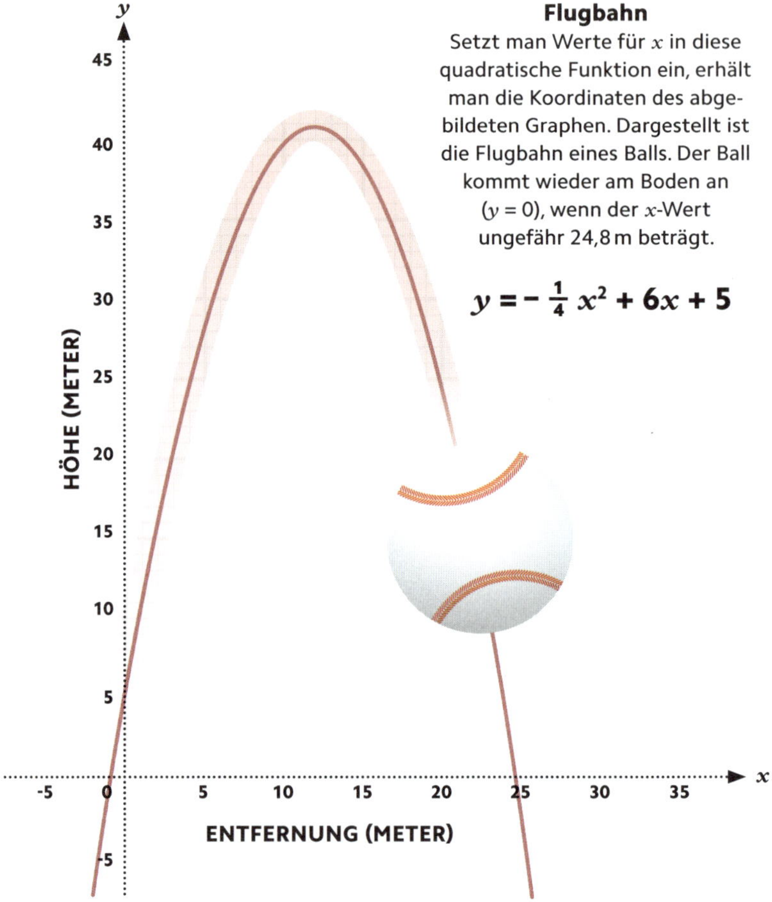

Flugbahn
Setzt man Werte für x in diese quadratische Funktion ein, erhält man die Koordinaten des abgebildeten Graphen. Dargestellt ist die Flugbahn eines Balls. Der Ball kommt wieder am Boden an ($y = 0$), wenn der x-Wert ungefähr 24,8 m beträgt.

$$y = -\frac{1}{4}x^2 + 6x + 5$$

Die Flugbahn eines Projektils, beispielsweise einer Rakete oder eines Balls, lässt sich mithilfe einer quadratischen Funktion (siehe S. 80–81) darstellen: $y = ax^2 + bx + c$. Die höchste Potenz der Variablen (hier x) ist immer 2. Um zu berechnen, wo das Projektil landen wird, setzt man den y-Wert gleich 0 und löst die so entstandene Gleichung $ax^2 + bx + c = 0$. Eine einfache Möglichkeit, den richtigen x-Wert zu bestimmen, ist das Zeichnen des Graphen (siehe oben).

EINSETZUNGSVERFAHREN

Eine Gleichung, die nur eine Variable in der ersten Potenz enthält (wie $y + 3 = 5$), ist leicht lösbar. Bei zwei Variablen (wie $x + 2y = 10$) benötigt man zur Lösung eine zweite Gleichung. Zwei Gleichungen mit zwei Unbekannten bilden ein lineares Gleichungssystem. Um x und y zu bestimmen, kann man das Einsetzungsverfahren verwenden: Man formt eine der Gleichungen so um, dass eine der Variablen isoliert wird. Dann setzt man den Ausdruck für diese Variable in die andere Gleichung ein.

$$x + 2y = 10$$
$$2x + 6y = 26$$

GLEICHUNGSSYSTEM Beide Gleichungen enthalten dieselben Variablen, x und y.

$$x + 2y = 10$$

Die erste Gleichung wird nach x aufgelöst.

$$x = 10 - 2y$$

Wo steht das x in der zweiten Gleichung?

$$2x + 6y = 26$$

Der Ausdruck wird in die zweite Gleichung eingesetzt.

$$2(10 - 2y) + 6y = 26$$

Die Klammer wird aufgelöst.

$$20 - 4y + 6y = 26$$

Gleiche Terme werden zusammengefasst.

$$2y = 6$$

Nun wird vereinfacht.

$$y = 3$$

Um x zu berechnen, wird der gefundene Wert für y eingesetzt.

$$x + 2(3) = 10$$

$$x + 6 = 10$$

$$x = 4$$

Algebra in Aktion
Bei diesem Lösungsverfahren werden verschiedene Umformungstechniken angewendet. Dabei muss man immer darauf achten, dass beide Seiten der Gleichung ausbalanciert bleiben.

GLEICHHEIT IST NICHT ALLES

Steht zwischen zwei Ausdrücken ein Gleichheitszeichen, so bedeutet dies, dass die beiden Ausdrücke gleichwertig sind. Sind die beiden Ausdrücke jedoch nicht gleich, so handelt es sich um eine Ungleichung. Ein Ungleichheitszeichen kann beispielsweise eine Tatsache angeben wie: 3 ist kleiner als 5. Kommen jedoch Variablen (wie zum Beispiel x) in Ungleichungen vor, kann es mehrere mögliche Werte für x geben, die die Ungleichung erfüllen. Es gibt fünf Ungleichheitszeichen:

$x \neq y$ **UNGLEICH**

$x > y$ **GRÖSSER ALS**

$x \geq y$ **GRÖSSER ODER GLEICH**

$x < y$ **KLEINER ALS**

$x \leq y$ **KLEINER ODER GLEICH**

Zahlenstrahl
Mithilfe eines Zahlenstrahls kann man eine Ungleichung gut darstellen. Er hilft dabei, sich die möglichen Werte für die Variable vorzustellen.

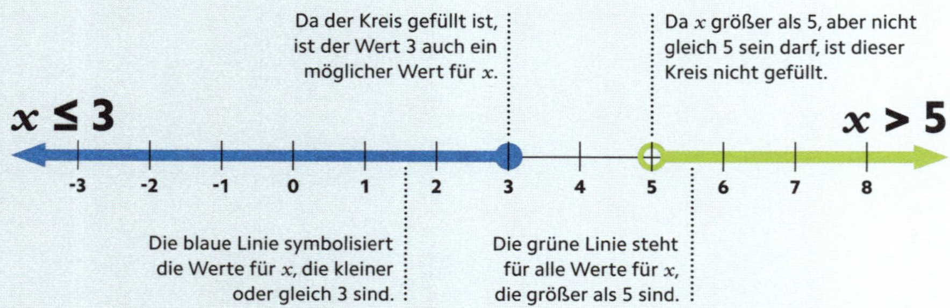

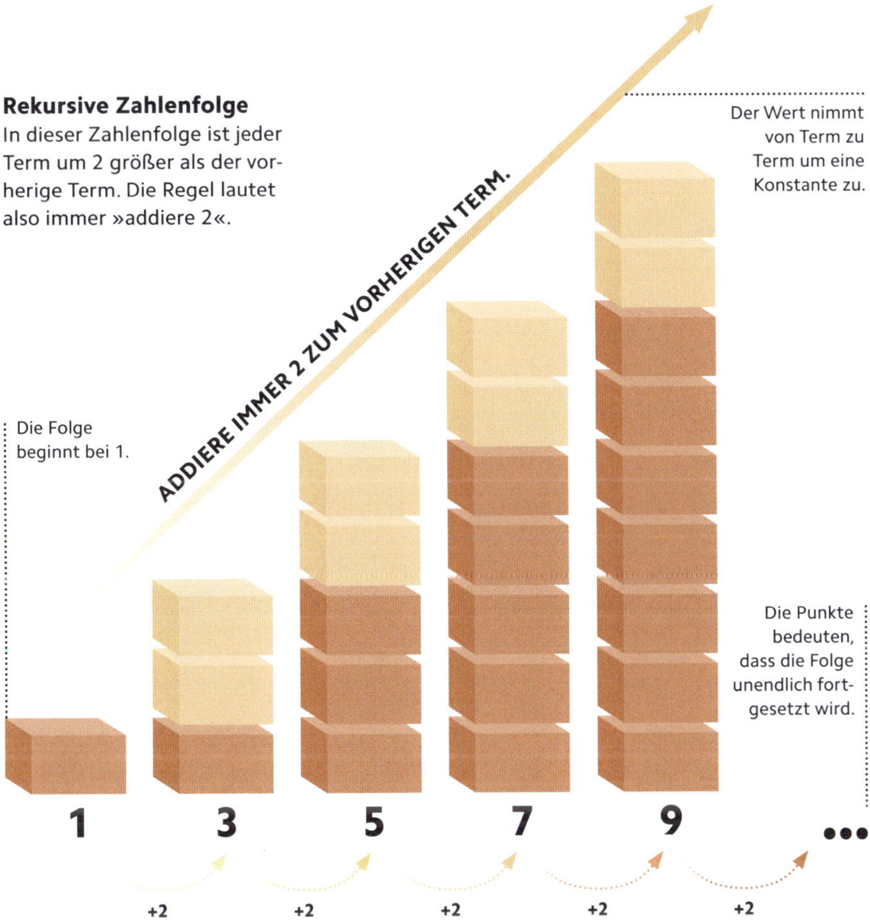

WIE GEHT ES WEITER?

Eine Zahlenfolge ist eine unendliche Abfolge von Zahlen, die nach einem oder mehreren Gesetzen gebildet wird. In einer arithmetischen Zahlenfolge ist der Abstand von einem Folgenglied zum nächsten immer gleich groß. Es wird immer derselbe Wert addiert oder subtrahiert. In einer geometrischen Zahlenfolge wird immer mit derselben Zahl multipliziert oder durch dieselbe Zahl dividiert.

55

> **Fibonacci brachte auch die arabischen Ziffern (1; 2; 3 …) nach Europa, die die römischen Zahlen ersetzten.**

AUF DEM WEG ZU GOLD

Dividiert man eine Zahl der Fibonacci-Folge durch die vorige, ergibt sich ein Quotient oder Verhältnis. Je weiter man in der Folge fortschreitet, desto mehr nähert sich dieses Verhältnis dem Goldenen Schnitt (siehe S. 96–97).

ZAHLEN-MUSTER

Arithmetische und geometrische Folgen werden nach einfachen Grundregeln gebildet (siehe S. 75). Es gibt aber auch weitaus komplexere Folgen wie die Folge der Quadratzahlen oder die Folge der Kubikzahlen, in denen jeder Term hoch 2 beziehungsweise hoch 3 genommen wird. Die Fibonacci-Folge ist eine ganz besondere Folge (siehe rechts). Die ersten beiden Terme sind jeweils die Zahl 1 und die nachfolgenden Terme werden durch Addition der beiden vorherigen Terme gebildet. Daraus ergibt sich das Bild einer wachsenden Spirale.

Natürliche Zahlenfolge

Die Fibonacci-Folge ist nach dem italienischen Mathematiker Leonardo Fibonacci, der im 13. Jh. lebte, benannt. Ihre charakteristische Spiralform findet sich in Fingerabdrücken ebenso wie in Wirbelstürmen und vielen Pflanzen und Tieren wieder.

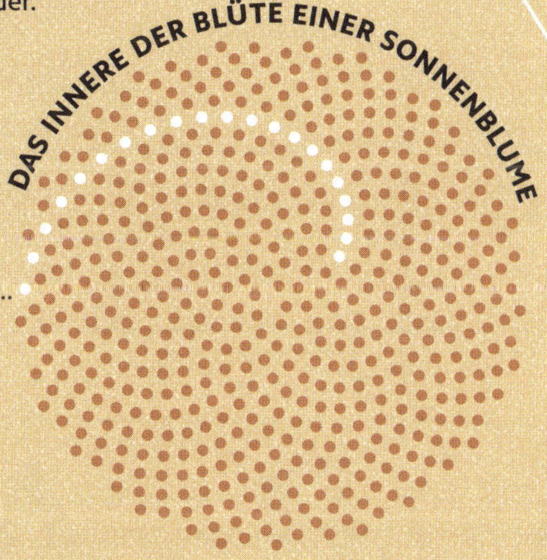

SAMEN-SPIRALEN

Zählt man die Gesamtzahl der Spiralen einer Sonnenblume, erhält man immer eine Fibonacci-Zahl.

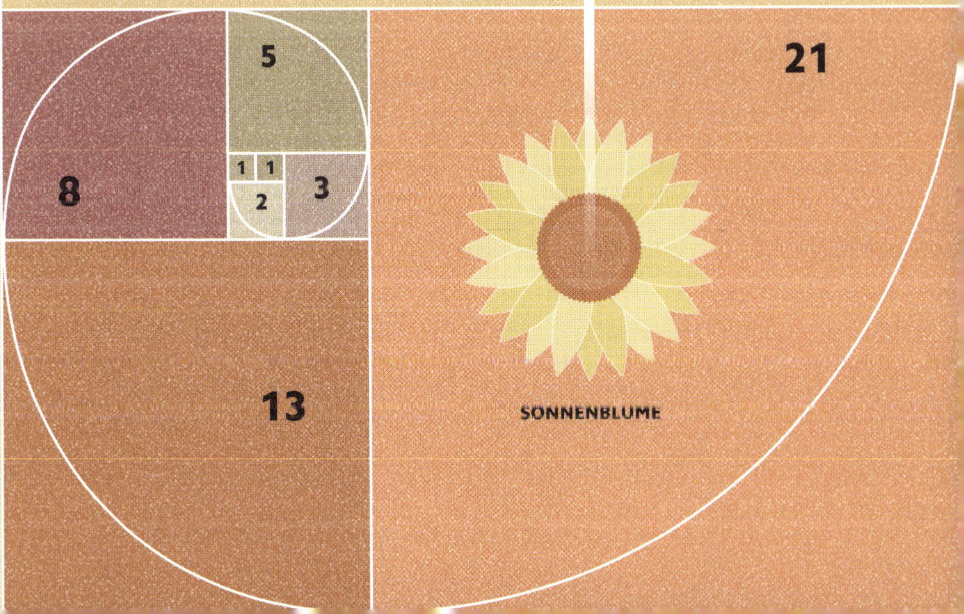

G R A P H

E N

Graphen sind Darstellungen von Relationen zweier (oder mehrerer) Dinge. Eine Funktion zweier Variablen definiert eine bestimmte Art von Relation. Der zugehörige Funktionsgraph beinhaltet alle Punkte, die die Funktion erfüllen. Meist wird der Graph in einem Kartesischen Koordinatensystem mit den Koordinaten x und y dargestellt, x- und y-Achse schneiden sich im Ursprung $(0|0)$. Mithilfe solcher Graphen werden oft Ergebnisse von Experimenten dargestellt oder Veränderungen in bestimmten Zeiträumen aufgezeichnet. Für Funktionen mit drei Variablen wird ein dreidimensionales Koordinatensystem verwendet.

FUNKTIONSMASCHINEN

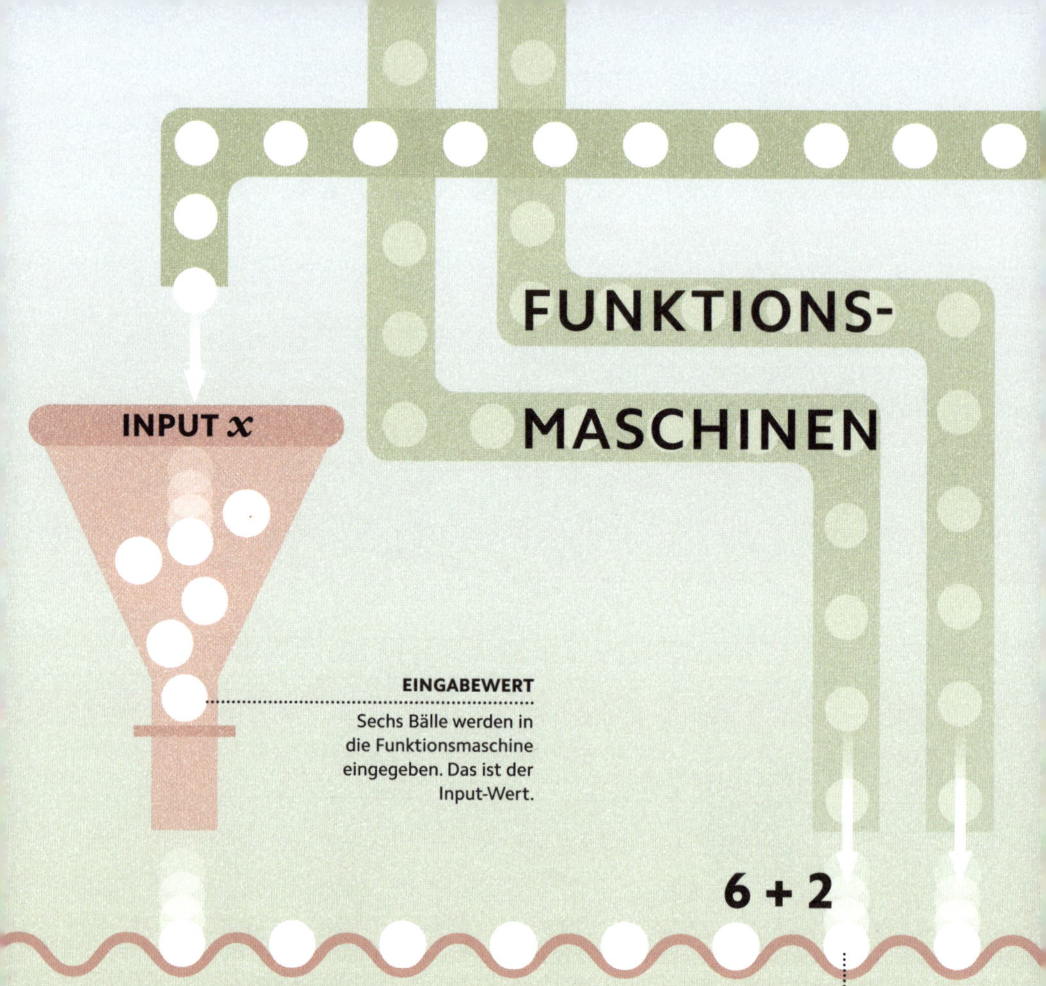

EINGABEWERT
Sechs Bälle werden in die Funktionsmaschine eingegeben. Das ist der Input-Wert.

2 Bälle werden zum Input-Wert addiert.

$$f(x) = \frac{x + 2}{2}$$

Dies ist die algebraische Schreibweise für das, was die Funktion macht: Sie addiert 2 zum Input-Wert x (hier 6) und dividiert die Summe durch 2.

Eine Funktion behandelt einen Input (das Argument) nach einer festen Regel (Funktionsvorschrift) und ergibt einen eindeutigen Output (den Funktionswert). Dies kann man sich wie eine Maschine vorstellen: Der Input ist 6, der Output ist 4. In algebraischer Schreibweise steht $f(x)$ für den Funktionswert (siehe unten). Im konkreten Beispiel wurde hier zwar die Zahl 6 eingegeben, aber die Funktionsvorschrift funktioniert für jeden Wert, der für x eingesetzt werden kann.

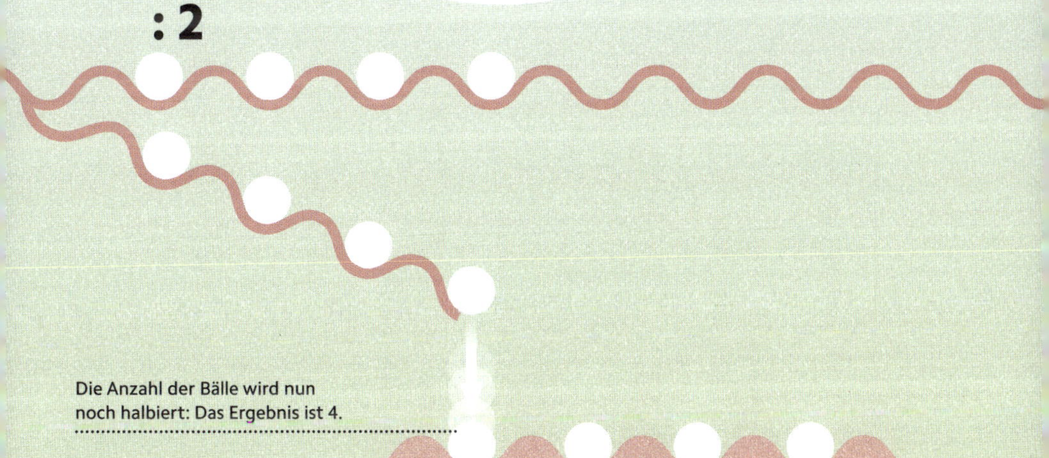

Die Anzahl der Bälle wird nun noch halbiert: Das Ergebnis ist 4.

Lineare Funktionsgraphen zeichnen

Man erstellt eine Wertetabelle für x und y, indem man Werte für x in die Funktionsgleichung einsetzt und den y-Wert berechnet. Für $x = 1$; $f(x) = y = 2x + 1$ erhält man $f(x) = y = (2 \cdot 1) + 1$, also $y = 3$.

x	-3	-2	-1	0	1	2	3
y	-5	-3	-1	1	3	5	7

$f(x) = y = 2x + 1$

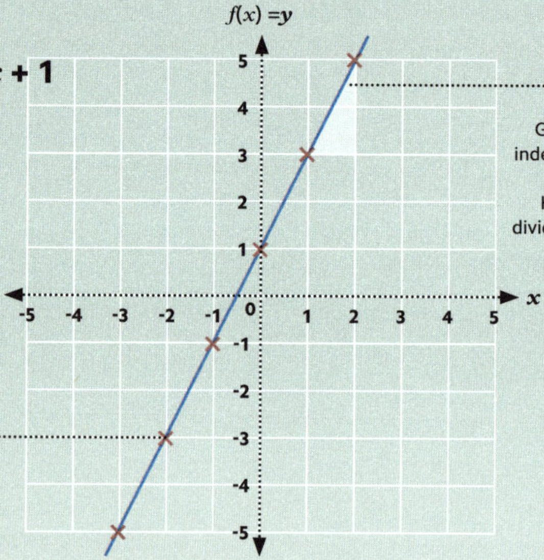

STEIGUNG

Die Steigung einer Geraden erhält man, indem man die Höhendifferenz durch die Horizontaldifferenz dividiert. In diesem Fall ist das 2 **:** 1, also ist die Steigung 2.

KOORDINATEN

Koordinaten werden meist als $(x|y)$ geschrieben. Dieser Punkt hat z. B. die Koordinaten (-2|-3).

EINE LINEARE FUNKTION GRAFISCH DARSTELLEN

Der Graph einer linearen Funktion liegt auf einer Geraden. Die zugehörige lineare Gleichung hat die Form $y = mx + c$, wobei m die Steigung der Geraden angibt und c den y-Achsenabschnitt, also die Stelle, an der die Gerade die y-Achse schneidet. Die Gerade geht durch alle Punkte, die die Gleichung erfüllen. Die Steigung der Geraden zu $y = 2x + 1$ ist beispielsweise 2 und der y-Achsenabschnitt ist 1.

PARABELN

Der Graph einer quadratischen Funktion $f(x) = y = x^2$ (siehe S. 72) liegt auf einer bogenförmigen Kurve, die als Parabel bezeichnet wird. Jede Parabel hat einen Scheitel(punkt), dies ist entweder der höchste oder der tiefste Punkt des Bogens. Außerdem ist jede Parabel spiegelsymmetrisch zu einer Geraden durch den Scheitel, die parallel zur y-Achse verläuft.

Normalparabel
Dies sind zwei einfache Funktionsgleichungen und ihre Graphen. Die obere Parabel heißt Normalparabel. Es gibt auch gestreckte, gestauchte oder gespiegelte Parabeln.

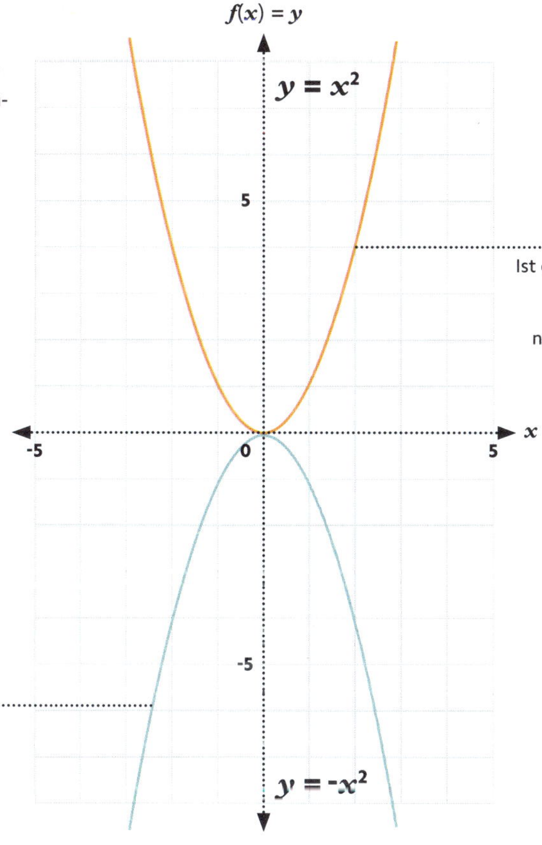

NACH OBEN GEÖFFNET
Ist der Koeffizient von x^2 positiv, ist die Parabel nach oben geöffnet.

NACH UNTEN GEÖFFNET
Ist der Koeffizient von x^2 negativ, so ist die Parabel nach unten geöffnet.

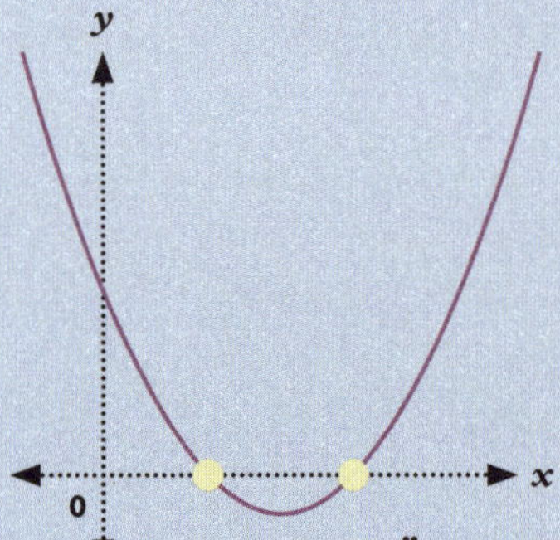

ZWEI REELLE LÖSUNGEN

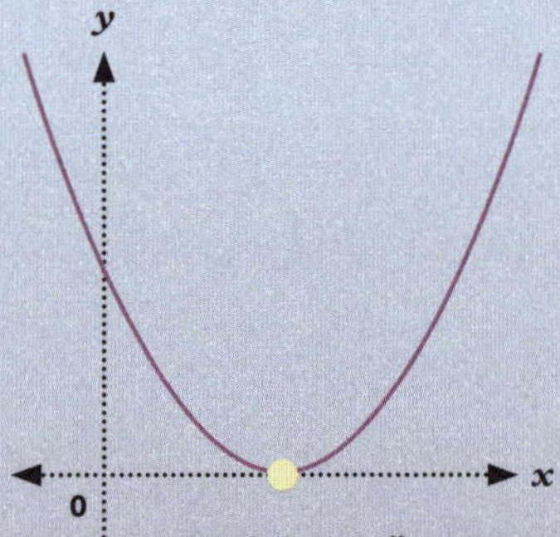

EINE REELLE LÖSUNG

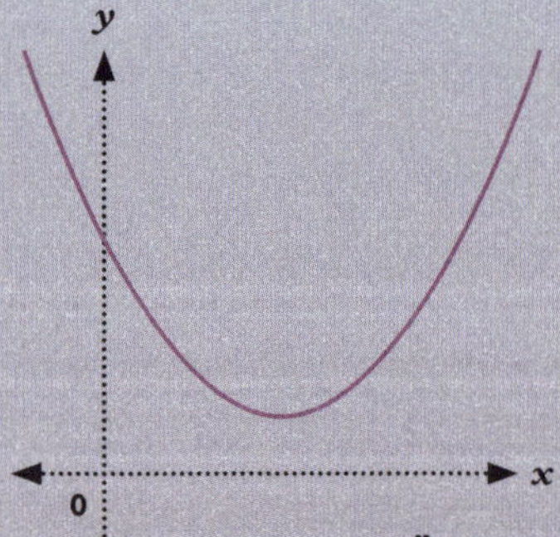

KEINE REELLE LÖSUNG

GLEICHUNGEN DARSTELLEN

Die Punkte einer Parabel repräsentieren Lösungspaare der zugehörigen quadratischen Gleichung. Im Gegensatz zu linearen Gleichungen (siehe S. 82) ergeben sich bei quadratischen Gleichungen Parabeln (siehe S. 83). Schneiden sich die Graphen zweier linearer Gleichungen, so ist die Schnittstelle der beiden Geraden eine Lösung für beide Gleichungen. Eine quadratische Gleichung (siehe S. 72) hat die Form $ax^2 + bx + c = 0$ und alle Wertepaare $(x|y)$, die diese Gleichung lösen, bilden im kartesischen Koordinatensystem die Form einer Parabel. Anhand des Schaubilds erkennt man, ob die Gleichung eine, zwei oder keine reellen Lösungen besitzt.

Lösungen interpretieren

Die drei Möglichkeiten für die Lösung einer quadratischen Gleichung sind links dargestellt. Existieren reelle Lösungen, so sind dies die x-Werte der Schnittpunkte der zugehörigen Parabel mit der x-Achse.

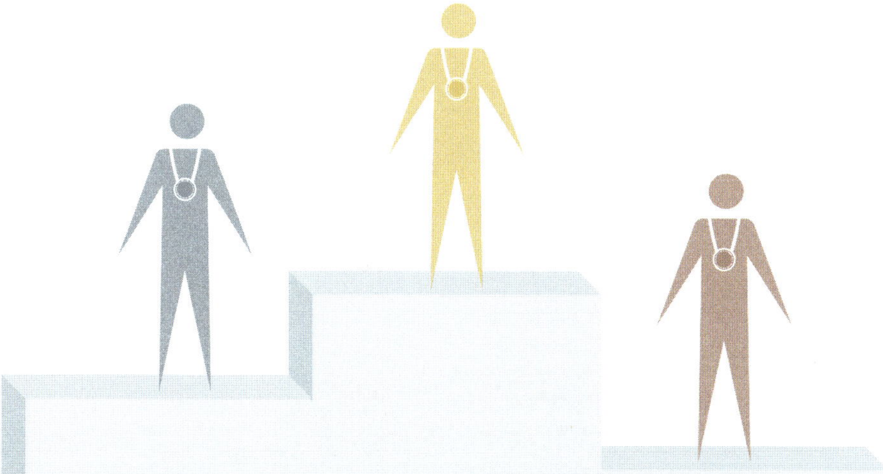

AUS DEM LEBEN GEGRIFFEN

Auch Daten aus dem Alltag kann man mithilfe der Relation zweier Variablen aufzeichnen (wie bei Luftfeuchtigkeit und Temperatur). Mittels eines Weg-Zeit-Diagramms lässt sich die Geschwindigkeit eines bewegten Objekts darstellen. Im Beispiel unten wurden die Geschwindigkeiten dreier Teilnehmer eines Rennens grafisch dargestellt. Jeder Punkt eines Graphen gibt die Geschwindigkeit des zugehörigen Läufers zu einer bestimmten Zeit wieder.

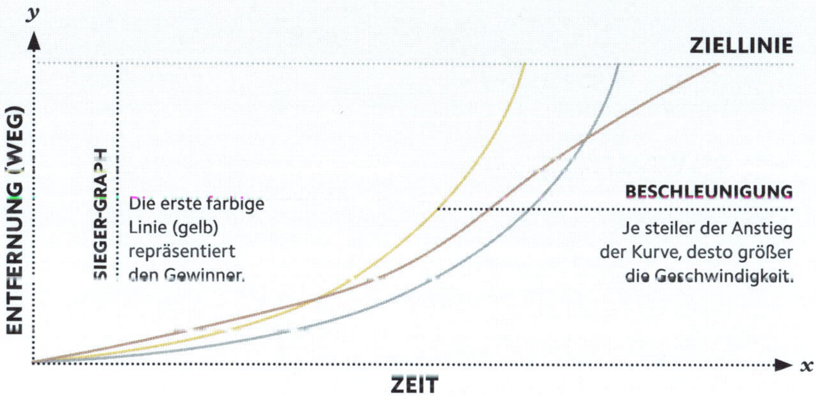

VERHÄLT
PROPOR

NIS UND

ION

Wie in vielen mathematischen Bereichen geht es hier weniger um reine Zahlen, sondern vielmehr um Verhältnisse und Proportionen, also um Beziehungen zwischen Zahlen. Im finanziellen Bereich können Zinseszinsen ein exponentielles Vermögenswachstum bewirken. Interpretiert man die Zusammenhänge und Beziehungen richtig, können Modellierungen der Realität dabei helfen, Voraussagen zu treffen. Richtige Proportionen sind aber nicht nur für Zahlen, Daten und Fakten wichtig, sondern spielen auch in Kunst, Ästhetik und Architektur eine wichtige Rolle.

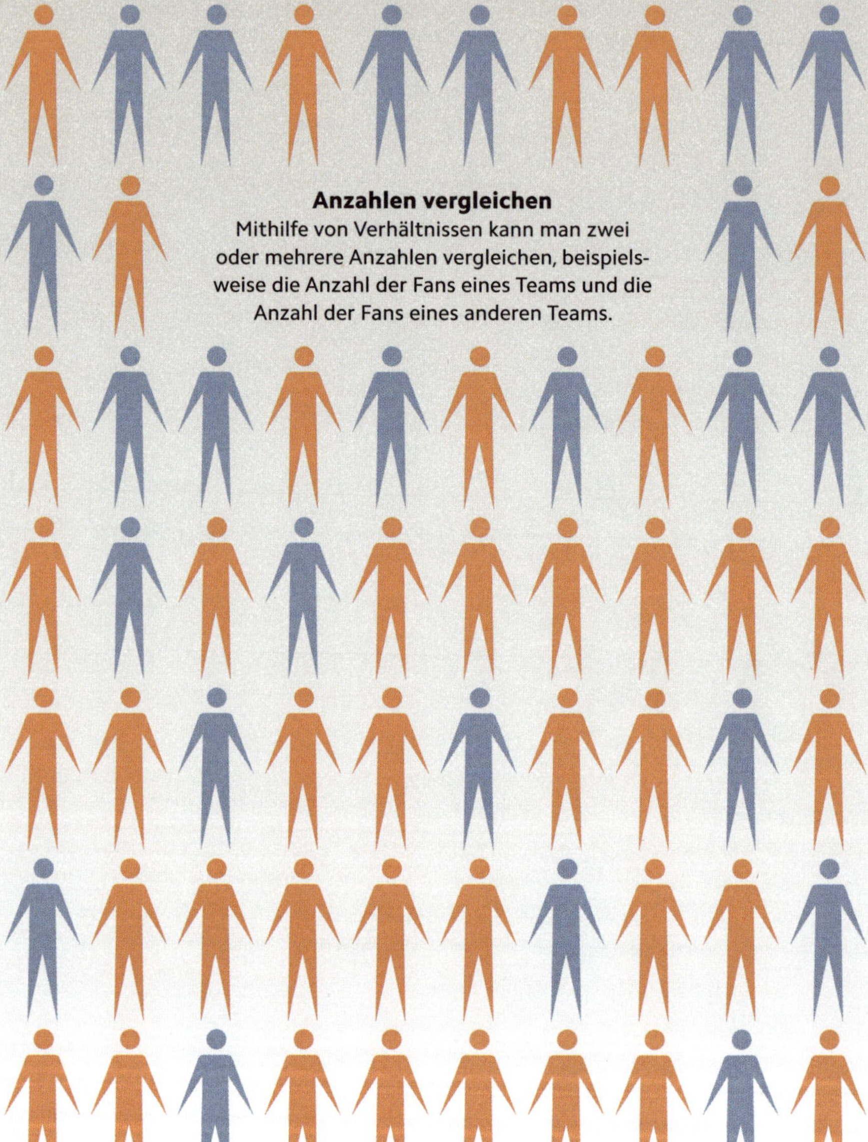

Anzahlen vergleichen
Mithilfe von Verhältnissen kann man zwei oder mehrere Anzahlen vergleichen, beispielsweise die Anzahl der Fans eines Teams und die Anzahl der Fans eines anderen Teams.

VERHÄLTNIS 24 : 40

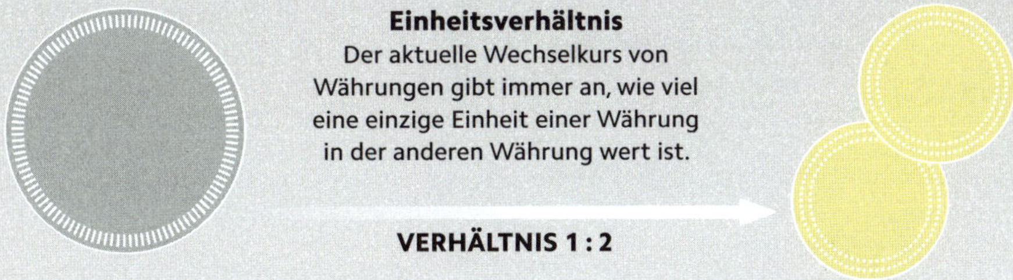

WERTE VERGLEICHEN

Die Anzahlen zweier oder mehrerer Mengen können zueinander in Relation gesetzt werden. Setzt man die Anzahl a in Relation zur Anzahl b, schreibt man $a : b$. Steht auf der einen Seite des Doppelpunkts eine 1, so handelt es sich um ein Einheitsverhältnis. Liegen in einer Obstschale beispielsweise doppelt so viel Äpfel wie Orangen, so ist das Verhältnis 2 : 1. Ebenso wie Brüche können Verhältnisse vereinfacht werden, indem man beide Seiten durch den größten gemeinsamen Teiler (ggT) dividiert.

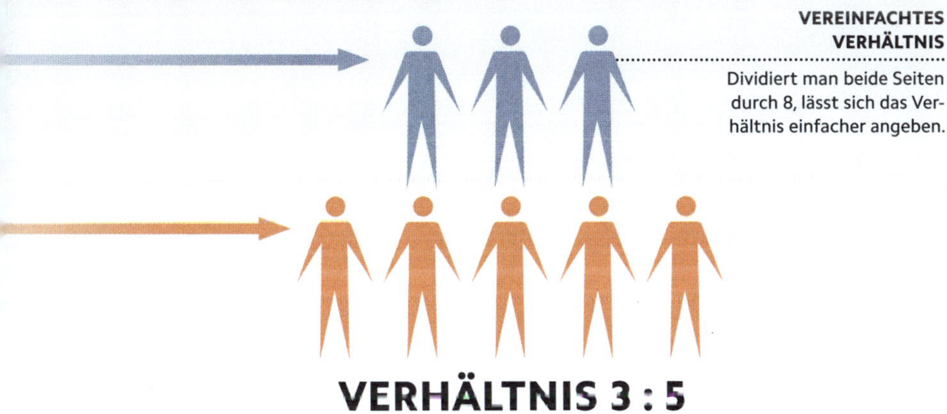

WIE VIEL ANTEILE?

Das Ganze wird hier in zwei Teile zerlegt, die im Verhältnis 11 zu 9 stehen.

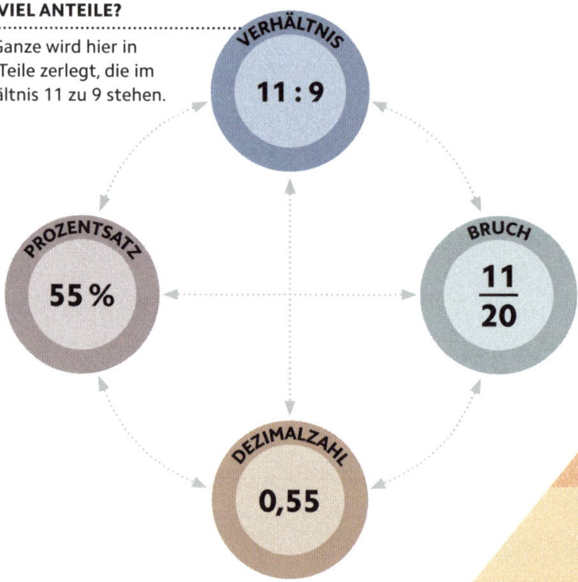

Äquivalente Darstellungen

Das Diagramm oben zeigt verschiedene gleichwertige Darstellungen des Verhältnisses 11 : 9, einmal als Bruch, einmal als Dezimalzahl und einmal als Prozentsatz.

AN DER SPITZE

Das reichste 1 % der Weltbevölkerung verfügt über 43,4 % des weltweiten Vermögens.

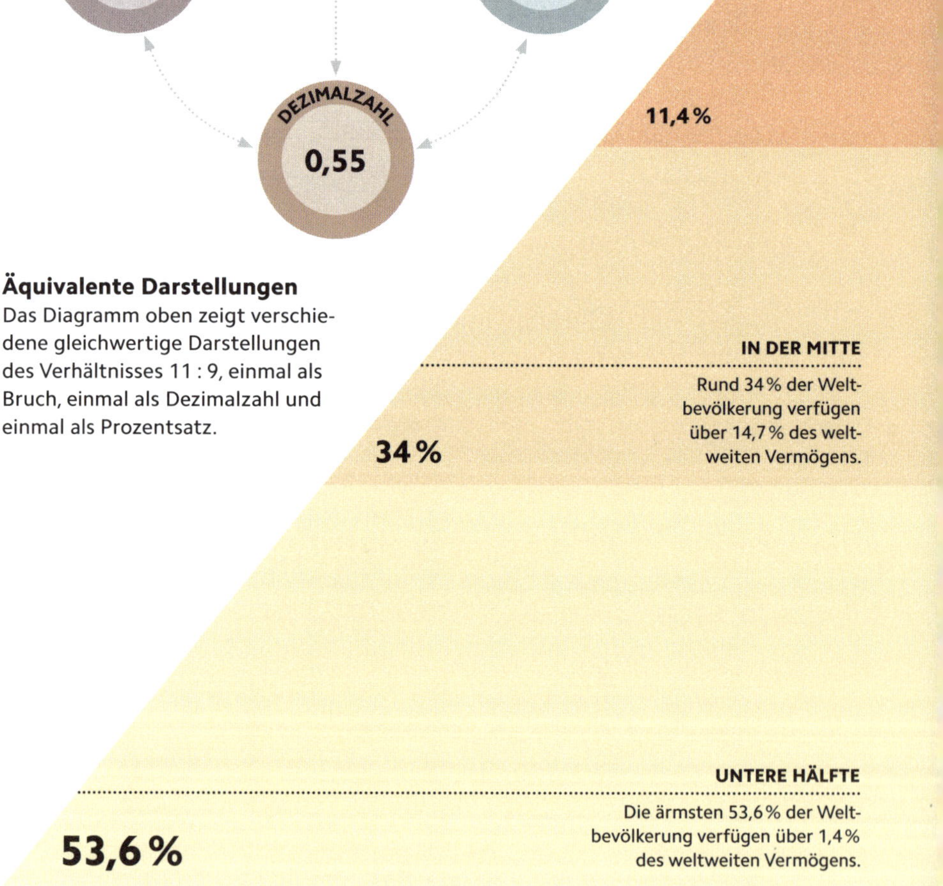

IN DER MITTE

Rund 34 % der Weltbevölkerung verfügen über 14,7 % des weltweiten Vermögens.

UNTERE HÄLFTE

Die ärmsten 53,6 % der Weltbevölkerung verfügen über 1,4 % des weltweiten Vermögens.

VERHÄLTNISSE VERGLEICHEN

Eine Proportion ist das Verhältnis zwischen Anteilen von einem Ganzen oder zwischen einem Teil und einem Ganzen. Proportionen kann man mithilfe von Brüchen, Dezimalzahlen, Prozentsätzen oder in der Verhältnisschreibweise angeben – sie alle sind mathematisch gleichbedeutend. Prozentsätze sind im Grunde nichts anderes als Brüche, denn sie geben die Anzahl der Teile von 100 an. Sie lassen sich daher besonders gut in Dezimalzahlen umwandeln: Man muss lediglich die Prozentzahl durch 100 dividieren.

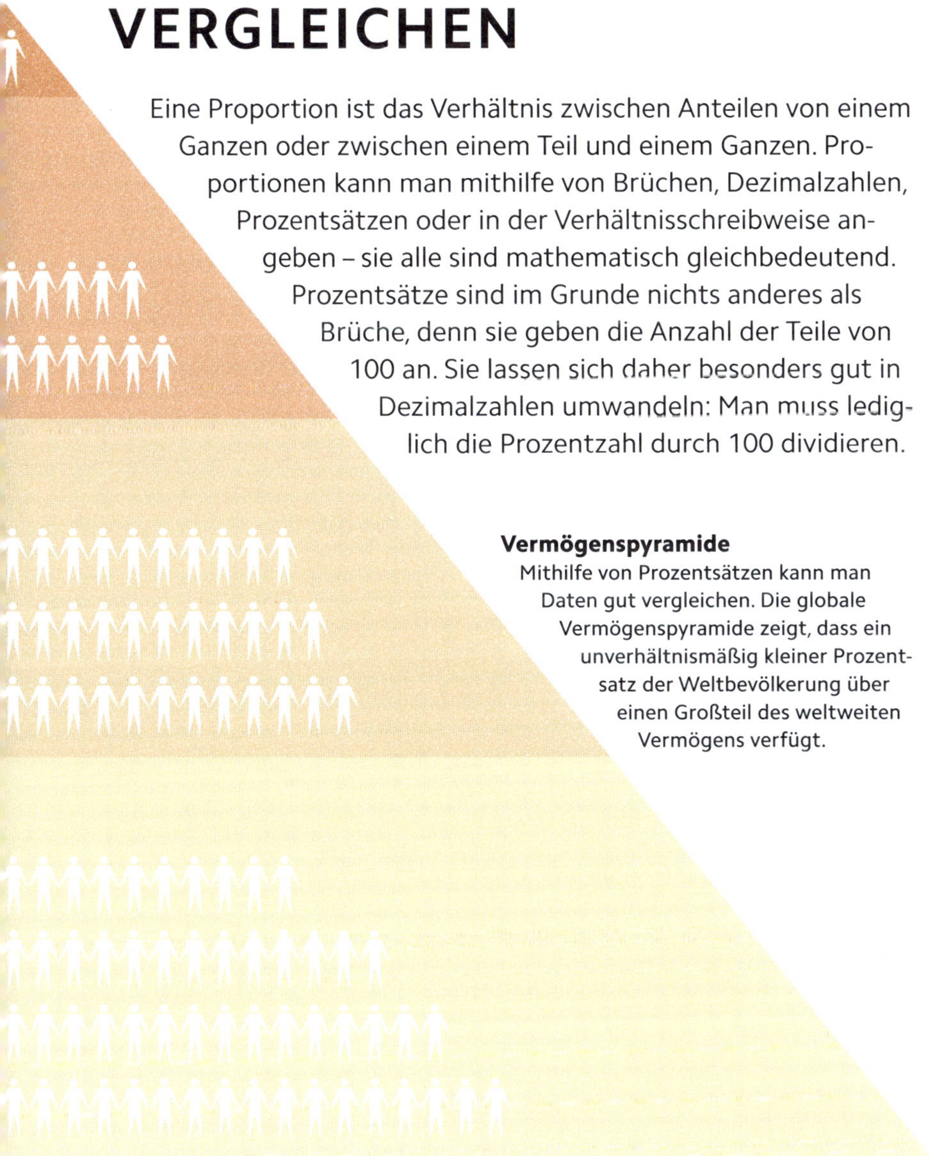

Vermögenspyramide
Mithilfe von Prozentsätzen kann man Daten gut vergleichen. Die globale Vermögenspyramide zeigt, dass ein unverhältnismäßig kleiner Prozentsatz der Weltbevölkerung über einen Großteil des weltweiten Vermögens verfügt.

WACHSTUM BERECHNEN

Mithilfe von Prozentsätzen kann man Wachstum (auch negatives Wachstum) wie Preisanstiege oder -senkungen gut darstellen und berechnen. Um eine prozentuale Zunahme zu bestimmen, addiert man den Differenzbetrag zum Originalpreis. Eine Verteuerung um 15 % bedeutet, dass der Originalpreis um $\frac{15}{100}$ (oder 0,15) erhöht wird, also muss dieser Wert zum Originalpreis addiert werden. Ist dagegen nur der Gesamtpreis nach der prozentualen Erhöhung bekannt – wie beispielsweise bei der Erhebung einer Steuer – berechnet man den Originalpreis durch umgekehrte Prozentrechnung.

URSPRÜNGLICHER WERT

Nimmt eine Menge um einen konkreten Wert zu oder ab, kann man die prozentuale Zu- oder Abnahme mit der unten stehenden Formel berechnen. Ursprünglich waren es im Beispiel 20 Fische.

WACHSTUM

Die prozentuale Zunahme der Fische wird berechnet, indem man die konkrete Anzahl der zusätzlichen Fische durch die ursprüngliche Anzahl dividiert und das Ergebnis mit 100 multipliziert.

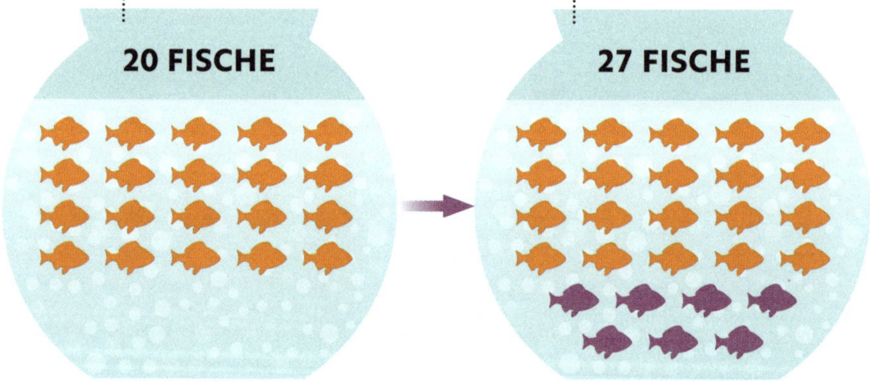

$$\text{PROZENTUALES WACHSTUM} = \frac{\text{7 (ZU- ODER ABNAHME)}}{\text{20 (URSPRÜNGLICHER WERT)}} \cdot 100 = 35\,\%$$

Zinseszins
Das Beispiel zeigt, wie ein Startkapital von 1000 € bei einem Zinssatz von 10 % monatlich zunehmen würde.

In dieser Formel ist K_n der Endwert nach n Jahren bei einem Zinssatz von $p\,\%$ und einem Startkapital K_0.

LANGFRISTIGE ZUNAHME

Die Geldanlage auf einem Sparbuch zahlt sich aktuell kaum noch aus, da keine bis wenig Zinsen gezahlt werden. Bei Krediten hingegen wird oft mit einer wesentlich höheren Zinsrate gearbeitet. Egal, ob Kredit oder Guthaben: Werden die mit dem ursprünglichen Kapital bereits entstandenen Zinsen mitverzinst, so handelt es sich um Zinseszinsen.

DIREKT UND INDIREKT

Stehen Größen in einem festen Verhältnis zueinander – wie beispielsweise die Größe eines Modells im Vergleich zum realen Gegenstand – so ist ihr Verhältnis direkt proportional. Die mathematische Gleichung für direkte Proportionalität lautet: $y = kx$, wobei die Konstante k der Proportionalitätsfaktor $k = y/x$ ist. Ist k beispielsweise gleich 10, so entspricht jede Einheit im Modell (x) genau 10 Einheiten in der Realität (y). Bei indirekter Proportionalität wird die eine Größe immer kleiner, je größer die andere wird. Die Gleichung dafür lautet $y = k/x$.

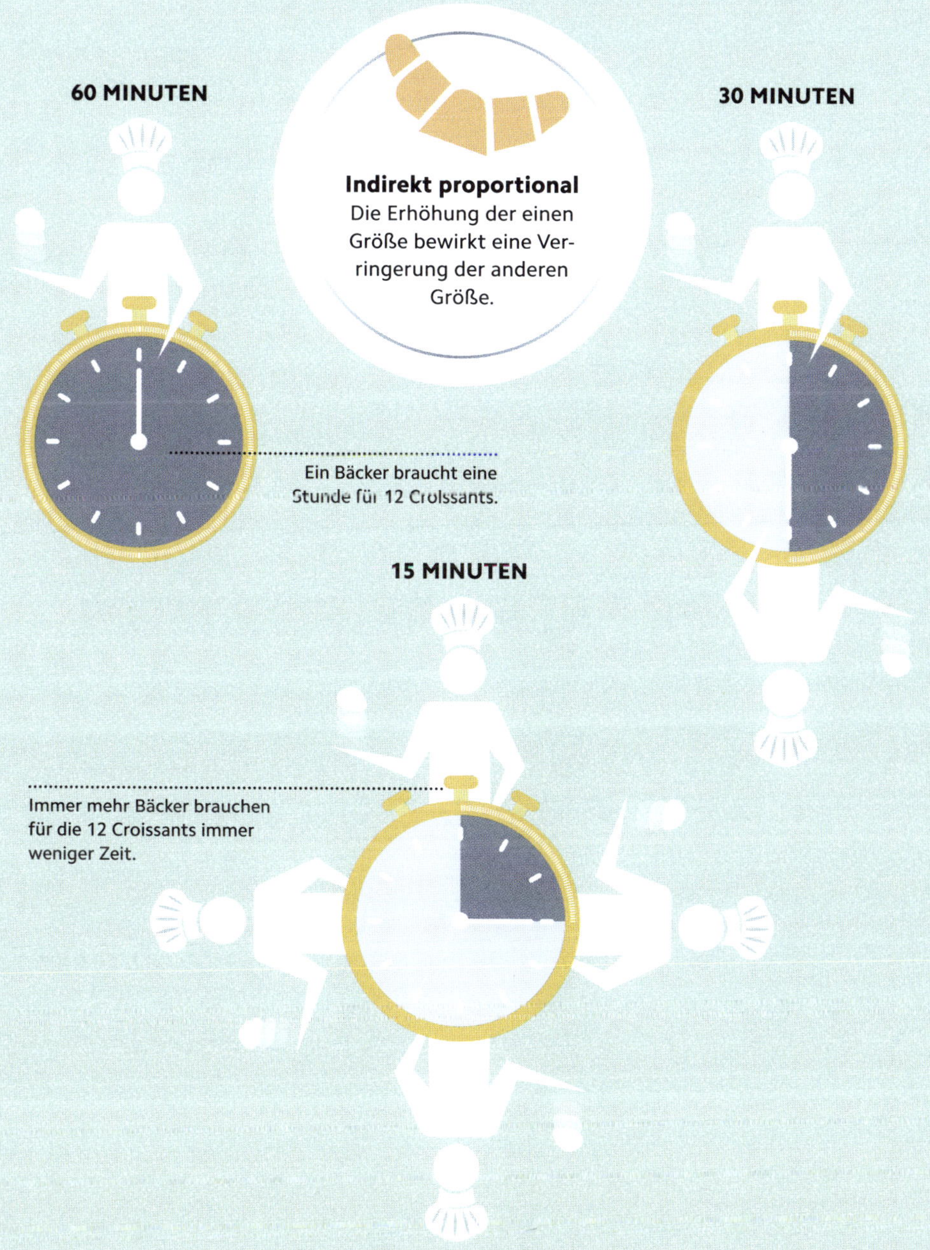
60 MINUTEN
Indirekt proportional
Die Erhöhung der einen Größe bewirkt eine Verringerung der anderen Größe.
30 MINUTEN
Ein Bäcker braucht eine Stunde für 12 Croissants.
15 MINUTEN
Immer mehr Bäcker brauchen für die 12 Croissants immer weniger Zeit.

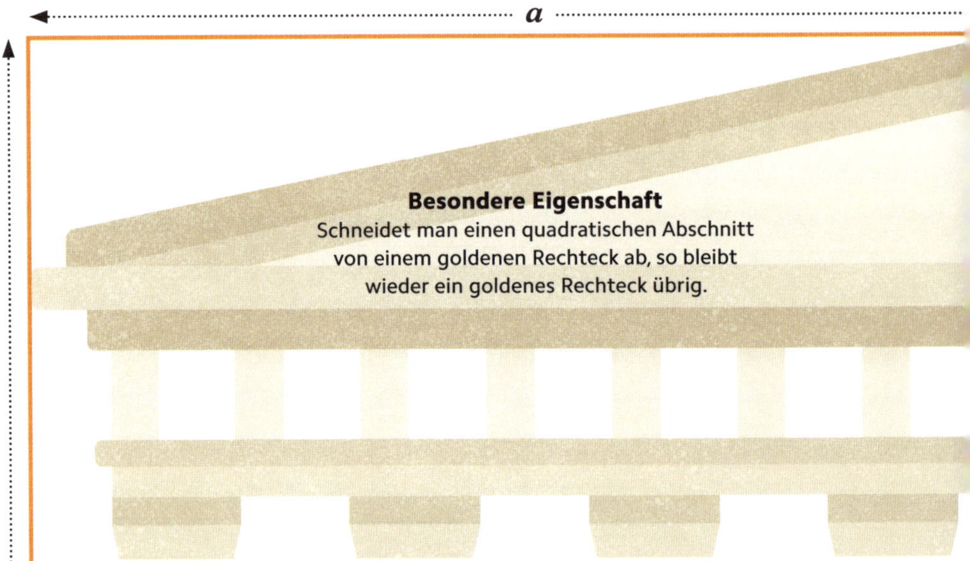

Besondere Eigenschaft
Schneidet man einen quadratischen Abschnitt von einem goldenen Rechteck ab, so bleibt wieder ein goldenes Rechteck übrig.

IDEALE PROPORTION

In den *Elementen* beschrieb der griechische Mathematiker Euklid den Goldenen Schnitt als Längenverhältnis zweier Teilstrecken, bei dem das Verhältnis der Gesamtstrecke zur längeren Teilstrecke gleich dem Verhältnis der längeren Teilstrecke zur kürzeren Teilstrecke ist. Der Goldene Schnitt kann als quadratische Gleichung mit nur einer Lösung notiert werden, die ungefähr 1,618 beträgt. Der exakte Wert, genannt »Phi« (der griechische Buchstabe Φ), ist irrational – er kann nicht durch einen exakten Bruch aus zwei ganzen Zahlen dargestellt werden. Der Goldene Schnitt steht in inhaltlichem Zusammenhang zur Fibonacci-Folge (siehe S. 77).

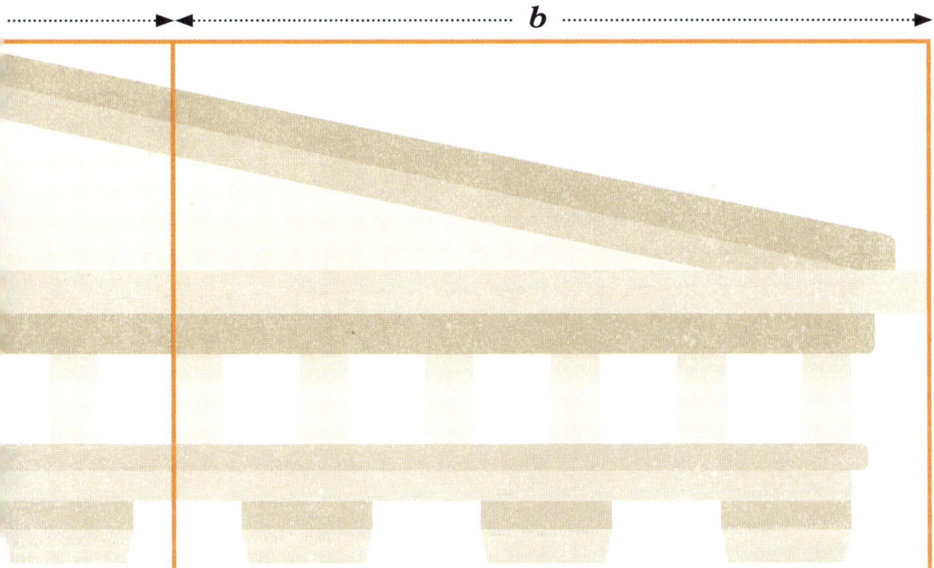

Klassische Architektur
Der Goldene Schnitt gilt als die ideale Proportion und wurde bereits in der antiken Kunst verwendet. Klassische griechische Bauwerke weisen das Seitenverhältnis 1 : 1,618 auf.

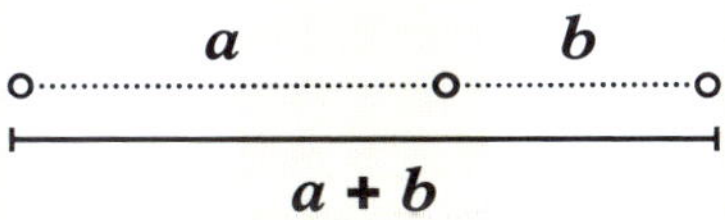

$a + b$ verhält sich zu a genau wie a zu b.

EXPONENTIELLE ZUNAHME

Der Ausdruck »exponentielles Wachstum« hat eine ganz präzise mathematische Bedeutung. In einer Exponentialgleichung wird eine feststehende »Basis« mit dem Exponenten x potenziert: Für die Exponentialgleichung $y = 2^x$ verdoppelt sich der Wert von y mit zunehmendem ganzzahligem x. Die Werte nehmen zunächst langsam zu, aber bereits nach kurzer Zeit werden sie rasant schnell größer. Bei exponentiellem Wachstum steigt der y-Wert umso schneller, je größer der x-Wert ist. Die Zeitdauer für die Verdopplung bleibt aber von Schritt zu Schritt die gleiche – wie in der bekannten Schachbrettgeschichte.

Die Schachbrettgeschichte
Der indische Kaiser bietet dem Erfinder des Schachspiels eine Belohnung an und dieser wählt Reis: Der Kaiser soll ihm ein Reiskorn auf das erste Feld des Schachbretts legen und auf jedes folgende Feld jeweils die doppelte Menge an Reiskörnern. Anfangs hält ihn der Kaiser für einfältig, aber am Ende kann er die Belohnung nicht aufbringen.

LANGSAMER ANSTIEG ZU BEGINN

Auf Feld 8 liegen 128 Körner und die Gesamtmenge aller Reiskörner beträgt bisher **256**.

HALBZEIT

Auf Feld 32 liegen **2 147 483 648** Körner.

RIESIGER ENDSTAND

Mit Feld 64 müssten auf dem Schachbrett **18 446 744 073 709 551 616** Reiskörner liegen.

MESSE

N

Im Laufe der Geschichte lernten die Menschen, die sichtbare und greifbare Welt mit verschiedenen Größen (und Maßeinheiten) wie Länge, Masse oder Zeit zu beschreiben. Frühe Kulturen entwickelten zahlreiche verschiedene Methoden zur Messung dieser Größen. Heute verwenden wir die daraus nach und nach festgelegten Standardeinheiten wie Meter, Kilogramm oder Sekunden und wir verfügen über präzise moderne Messverfahren. Die Standardisierung schafft eine gemeinsame Sprache und die hohe Genauigkeit sorgt für Zuverlässigkeit und Vertrauen.

Verschiedene Maße
Verschiedene Maßeinheiten werden für unterschiedliche Dinge verwendet: Von der Geschwindigkeit eines bewegten Objekts bis hin zum Lautstärkepegel eines Geräuschs. Der Pegel wird in Dezibel (db) gemessen.

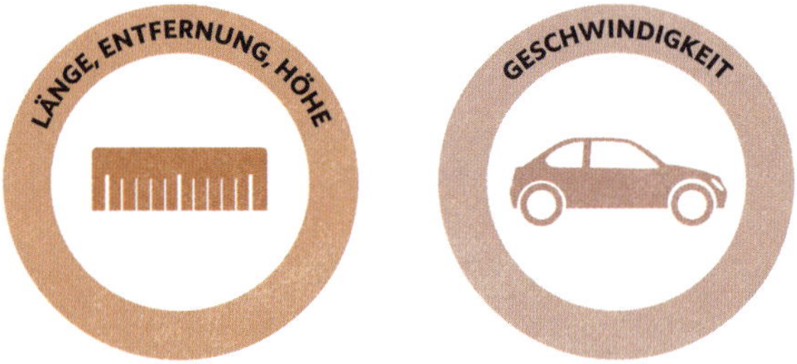

ZUM MESSEN GEMACHT

Eine Messung ist der Versuch, die Größe von etwas zu quantifizieren. Es gibt das metrische und das imperiale Maßsystem. Sie verwenden unterschiedliche Maßeinheiten. Im metrischen System werden Distanzen beispielsweise in Längeneinheiten wie Millimeter (mm), Zentimeter (cm) und Kilometer (km) angegeben. Im imperialen System entspricht dies den Einheiten Zoll, Fuß und Meile. Eine Messung ist immer nur so genau wie das verwendete Werkzeug, deshalb sind Ober- und Untergrenzen für Messungenauigkeiten sinnvoll (siehe S. 109).

EINE FRAGE DER ZEIT

Der Begriff Zeit steht für die Dauer oder für den Zeitpunkt eines Ereignisses. Sekunden, Minuten, Stunden, Tage, Wochen, Monate und Jahre sind unsere Zeiteinheiten. Frühe Kulturen leiteten solche Maße aus der beobachteten Sonnenbewegung her. Diese entsteht einerseits durch die Erdrotation (in 24 Stunden = 1 Tag dreht sich die Erde einmal um sich selbst) und andererseits durch die Bewegung der Erde um die Sonne, die jeweils etwa 365 Tage (ein Jahr) dauert.

60ER-INTERVALLE

Bei der Umrechnung von Stunden in Minuten multipliziert man die Anzahl der Stunden mit 60.

SIEBEN TAGE – EINE WOCHE

Will man eine Anzahl von Tagen in Wochen umrechnen, dividiert man die Anzahl der Tage durch 7.

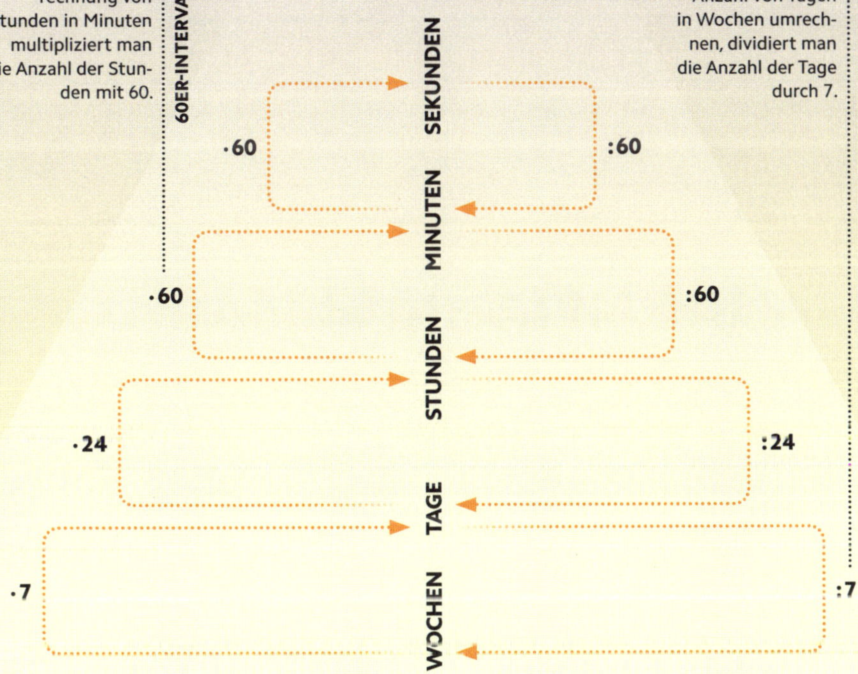

UMFANG Ein Parallelogramm hat zwei Paare paralleler und gleich langer Seiten. Den Umfang *U* erhält man, wenn man alle vier Seitenlängen addiert. Alternativ kann man auch die Seitenlängen zweier benachbarter Seiten addieren und das Ergebnis verdoppeln.

FLÄCHENINHALT Den Flächeninhalt *A* eines Parallelogramms berechnet man mit der Formel Flächeninhalt = Grundseite · Höhe ($A = g \cdot h$). Beträgt die Grundseitenlänge beispielsweise 5 m und die zugehörige Höhe 3 m, so beträgt der Flächeninhalt 15 m^2.

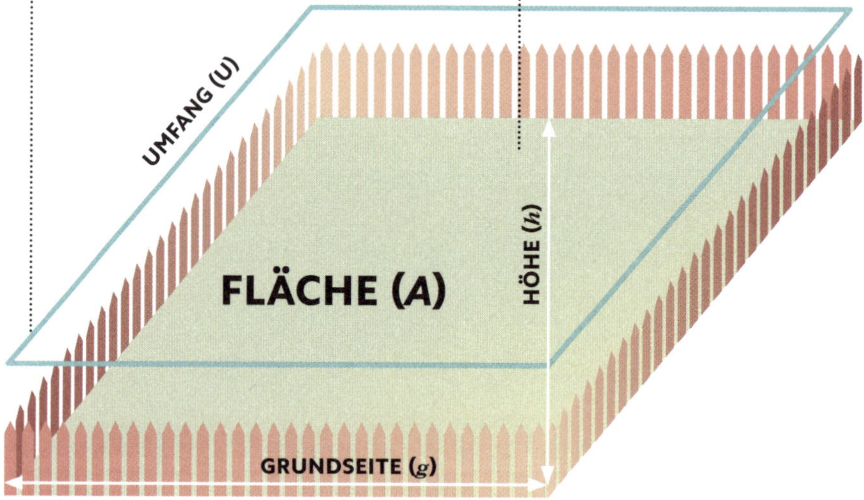

FIGUREN

Der Flächeninhalt ist die Größe einer zweidimensionalen Fläche. Er wird in einer Flächeneinheit wie Quadratzentimeter (cm^2) oder Quadratmeter (m^2) gemessen und angegeben. Der Umfang einer geschlossenen Fläche ist die Summe aller Seitenlängen. Der abgebildete Garten hat die Form eines Parallelogramms. Der Flächeninhalt ist die Größe der umzäunten Fläche und der Umfang ist die Gesamtlänge aller Kanten (Länge des Zauns).

KREISE UNTERSUCHEN

Ein Kreis ist eine ebene Figur, die aus einer Menge von Punkten besteht, die alle denselben Abstand zum Kreismittelpunkt haben. Dividiert man die Länge der Kreislinie (also den Kreisumfang) durch seinen Durchmesser, erhält man immer die Zahl π (Pi), die auf vier Dezimalstellen gerundet 3,1416 ist. Da dies für jeden beliebigen Kreis gilt, kann man mithilfe der Zahl π beispielsweise den Flächeninhalt oder den Radius berechnen, wenn eines von beidem unbekannt ist. Kreise haben unendlich viele Symmetrieachsen.

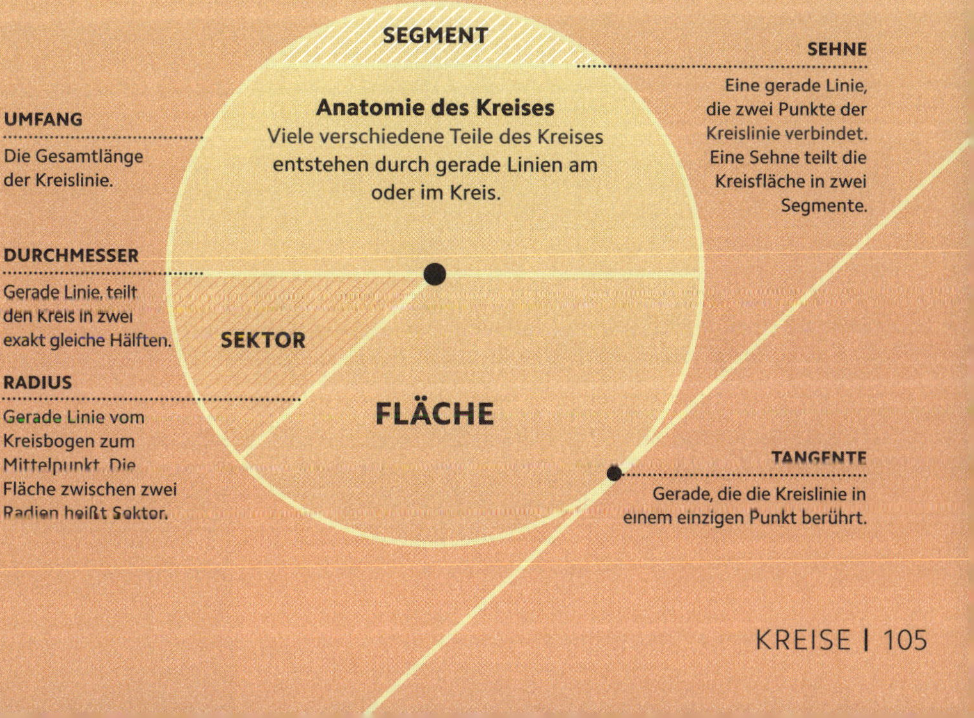

WIE VIEL PASST HINEIN?

Der Rauminhalt (das Volumen) eines Objekts ist die Größe des von ihm eingenommenen Raums. Volumen von Körpern, Flüssigkeiten oder auch Gasen werden in Kubikeinheiten gemessen und angegeben. Das Volumen eines Objekts kann für die Berechnung seiner Masse verwendet werden. Für einfache Körper gibt es Formeln zur Berechnung des Volumens. Das Volumen eines Hohlkörpers wird auch häufig Kapazität genannt.

Quader
Die Kubikeinheiten eines Quaders kann man sich optisch gut vorstellen. Zur Berechnung des Volumens wendet man die Formel »Länge mal Breite mal Höhe« an, kurz: $V = l \cdot b \cdot h$

Den Quader kann man sich gut als Kiste voller Würfel vorstellen. Die Anzahl der Würfel entspricht dem Volumen des Quaders.

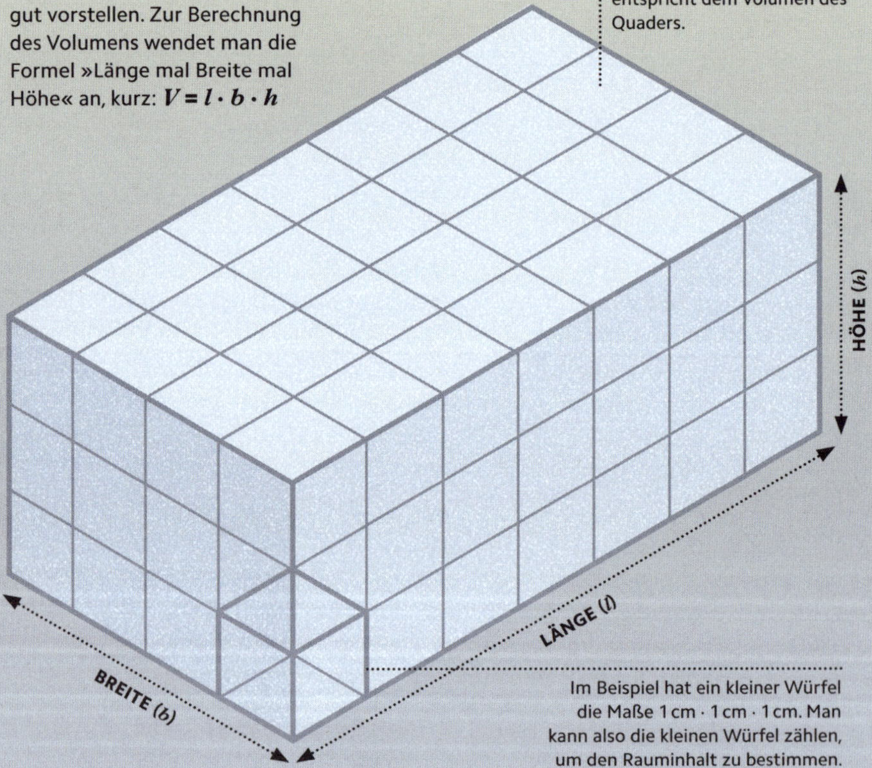

Im Beispiel hat ein kleiner Würfel die Maße 1 cm · 1 cm · 1 cm. Man kann also die kleinen Würfel zählen, um den Rauminhalt zu bestimmen.

Zylinder

Grund- und Deckfläche eines Zylinders sind zwei parallele Kreisflächen, die durch eine gebogene Rechteckfläche miteinander verbunden sind. Die Höhe eines Zylinders ist der Abstand zwischen Grund- und Deckfläche. Zur Berechnung des Volumens benötigt man den Radius und die Höhe: $V = \pi \cdot r^2 \cdot h$

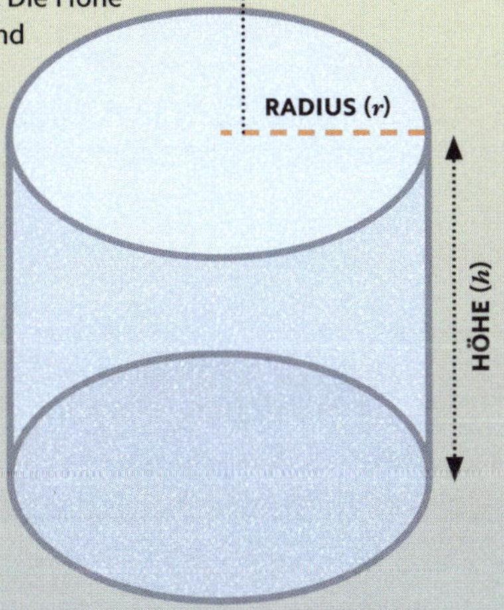

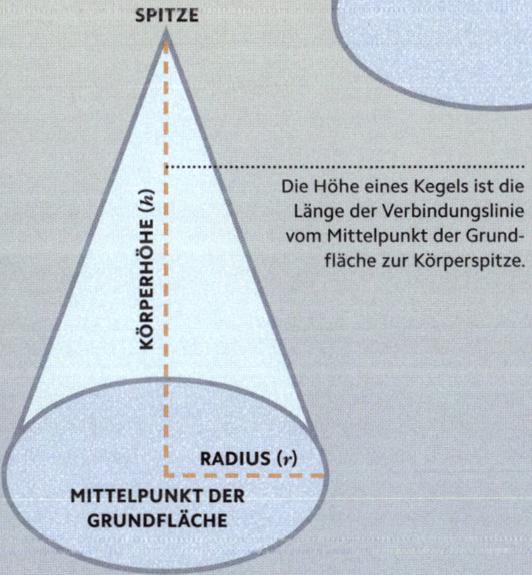

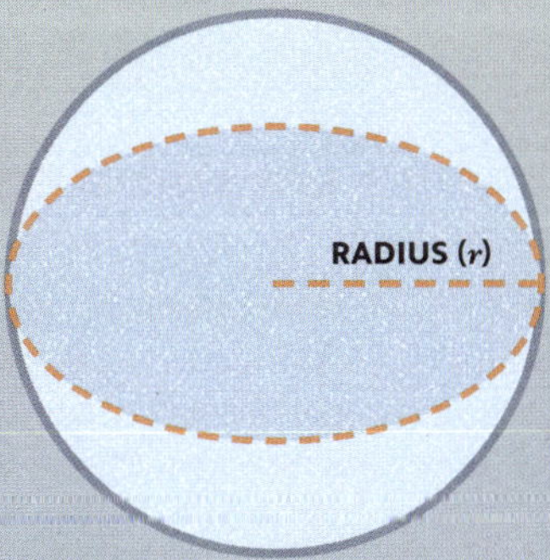

Kegel

Ein Kegel hat eine kreisförmige Grundfläche und eine gekrümmte Mantelfläche. Die Höhe ist der Abstand vom Mittelpunkt der Grundfläche zur Körperspitze. Für die Berechnung des Volumens benötigt man die Körperhöhe und den Radius der Grundfläche: $V = \frac{1}{3} \cdot \pi \cdot r^2 \cdot h$

Kugel

Jeder Punkt der Kugeloberfläche hat denselben Abstand zur Kugelmitte. Zur Berechnung des Volumens benötigt man nur den Kugelradius: $V = \frac{4}{3} \cdot \pi \cdot r^3$

ZYLINDERHÖHE
Die Höhe des Zylinders entspricht der Breite dieses Rechtecks.

RECHTECK
Rollt man die Mantelfläche eines Zylinders in der Ebene aus, ist sie ein Rechteck.

RADIUS
Der Zylinderradius entspricht dem Grundkreisradius.

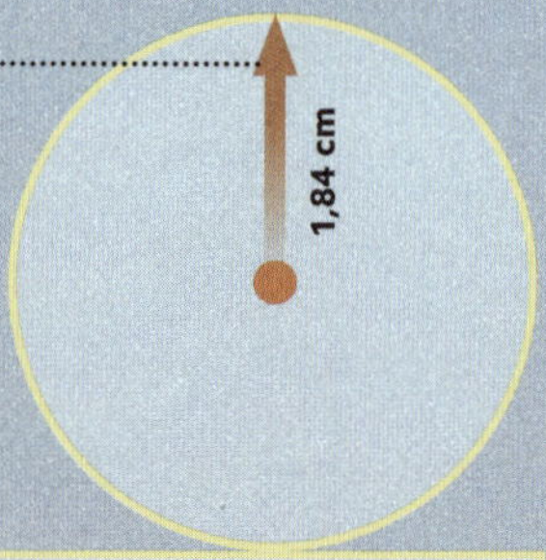

DAS NETZ

Die Größe der gesamten Außenfläche eines dreidimensionalen Objekts heißt Oberflächeninhalt. Der Oberflächeninhalt ist beispielsweise dann wichtig, wenn man einen Gegenstand anstreichen oder verpacken möchte. Der Oberflächeninhalt eines Gebäudes oder eines Lebewesens gibt auch Auskunft darüber, wie viel Wärme es über seine Oberfläche abgibt. Man kann sich die Oberfläche eines Körpers gut vorstellen als die Gesamtheit seiner flach in der Ebene ausgelegten Außenflächen. Diese Darstellung eines Körpers nennt man Körpernetz oder kurz Netz.

8,9 cm

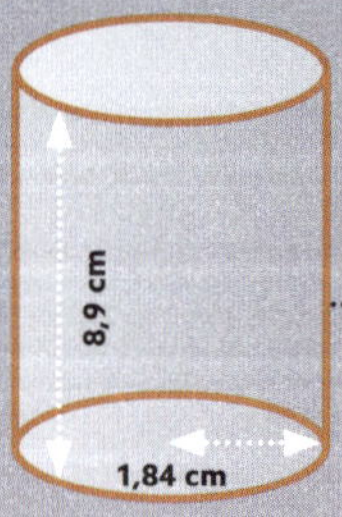

KÖRPERFORM
Ein Zylinder wird von zwei identischen, parallelen Kreisflächen und einem gebogenen Rechteck begrenzt.

Flaches Netz
Das Netz des Zylinders. Sein Oberflächeninhalt ist gleich der Summe der Flächeninhalte der beiden Kreise und des Rechtecks.

GENAUIGKEITSBEREICHE

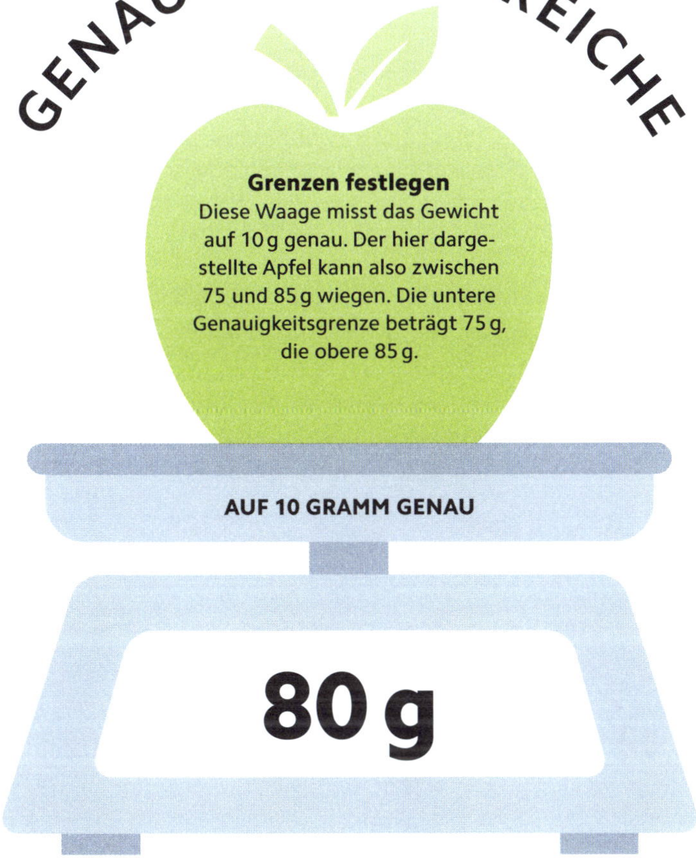

Eine Messung ist nie ganz exakt. Man sollte allerdings den Genauigkeitsgrad der verwendeten Skala kennen. Entweder wird die Genauigkeitsstelle (»auf 10 g genau«) angegeben oder eine bestimmte Anzahl signifikanter Stellen (1,43 km auf 2 signifikante Stellen genau ist 1,4 km). Der kleinste Wert, von dem aus aufgerundet worden sein könnte, heißt »untere Schranke«, der größte Wert, von dem aus abgerundet worden sein könnte, heißt »obere Schranke«.

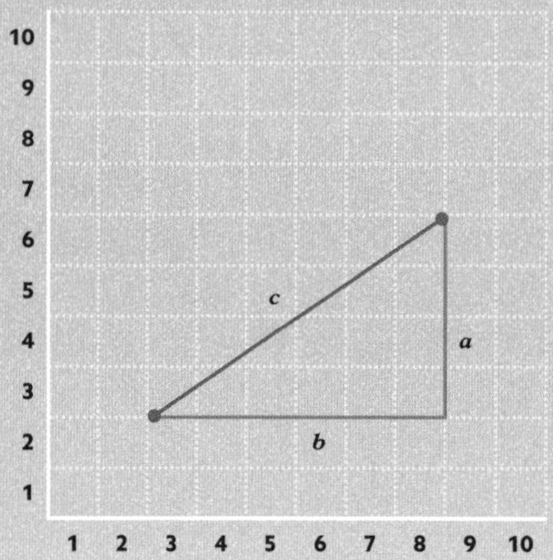

Länge bestimmen

Man zeichnet ein rechtwinkliges Dreieck und schreibt den Satz des Pythagoras auf:

$$a^2 + b^2 = c^2$$

Nun misst man die Streckenlängen a und b und setzt sie in die Formel ein:

$$4^2 + 6^2 = c^2$$

Man berechnet die Quadratzahlen:

$$16 + 36 = c^2$$

Das Ergebnis ist die quadrierte Seitenlänge von c:

$$52 = c^2$$

Man vertauscht und zieht beidseits die Wurzel:

$$\sqrt{c^2} = \sqrt{52}$$

Das Ergebnis ist die Länge von c:

$c = 7{,}2$ (auf zwei signifikante Stellen gerundet)

RECHTWINKLIGE DREIECKE

Der Satz des Pythagoras wurde benannt nach dem griechischen Philosophen und Mathematiker Pythagoras, der im 6. Jh. v.Chr lebte. Mithilfe dieses Satzes kann man die Länge einer Seite im rechtwinkligen Dreieck bestimmen, sobald man die zwei anderen Seitenlängen kennt: $a^2 + b^2 = c^2$, wobei c die Hypotenuse (Seite gegenüber dem rechten Winkel) und a und b die beiden anderen Seiten (Katheten) sind.

»Vernunft ist unsterblich, alles andere sterblich.«
Pythagoras

Pythagoras veranschaulicht

Zeichnet man ein rechtwinkliges Dreieck und über jeder Seite das Quadrat der Seitenlänge, kann man die einzelnen kleinen Quadrate im Inneren abzählen. Die Anzahl der Quadrate in a^2 und b^2 ergibt zusammen die Anzahl der Quadrate in c^2.

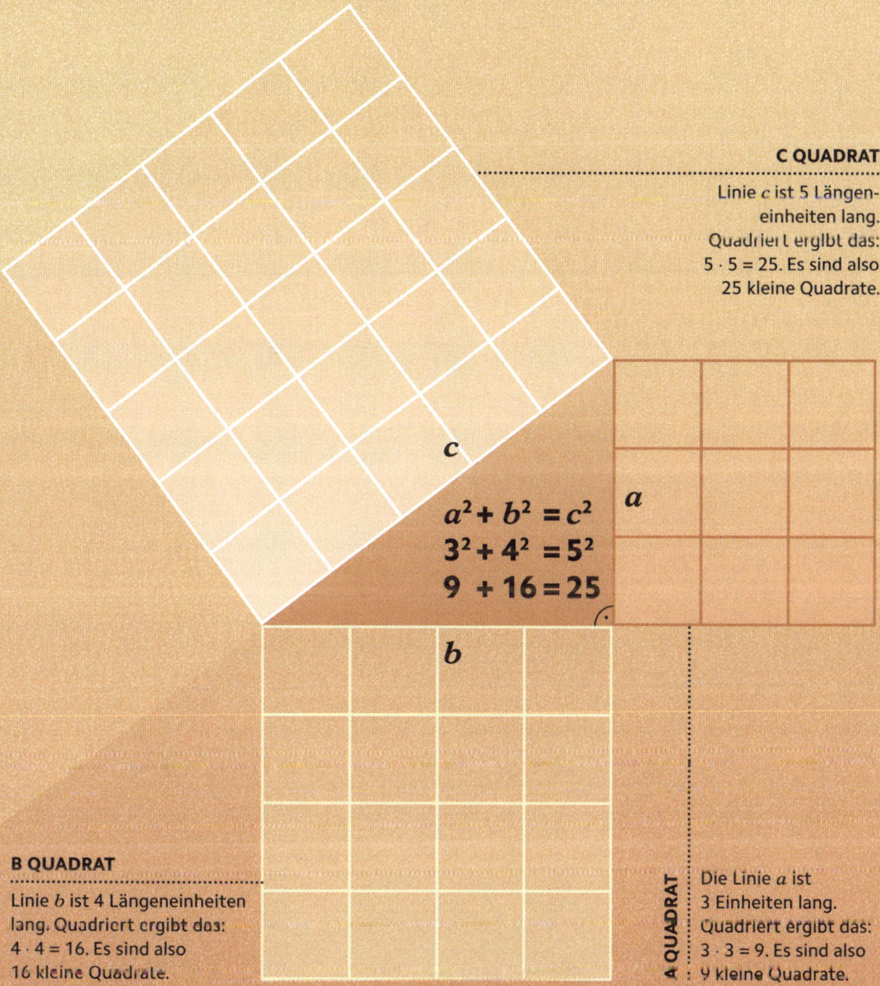

C QUADRAT

Linie c ist 5 Längeneinheiten lang. Quadriert ergibt das: $5 \cdot 5 = 25$. Es sind also 25 kleine Quadrate.

B QUADRAT

Linie b ist 4 Längeneinheiten lang. Quadriert ergibt das: $4 \cdot 4 = 16$. Es sind also 16 kleine Quadrate.

A QUADRAT

Die Linie a ist 3 Einheiten lang. Quadriert ergibt das: $3 \cdot 3 = 9$. Es sind also 9 kleine Quadrate.

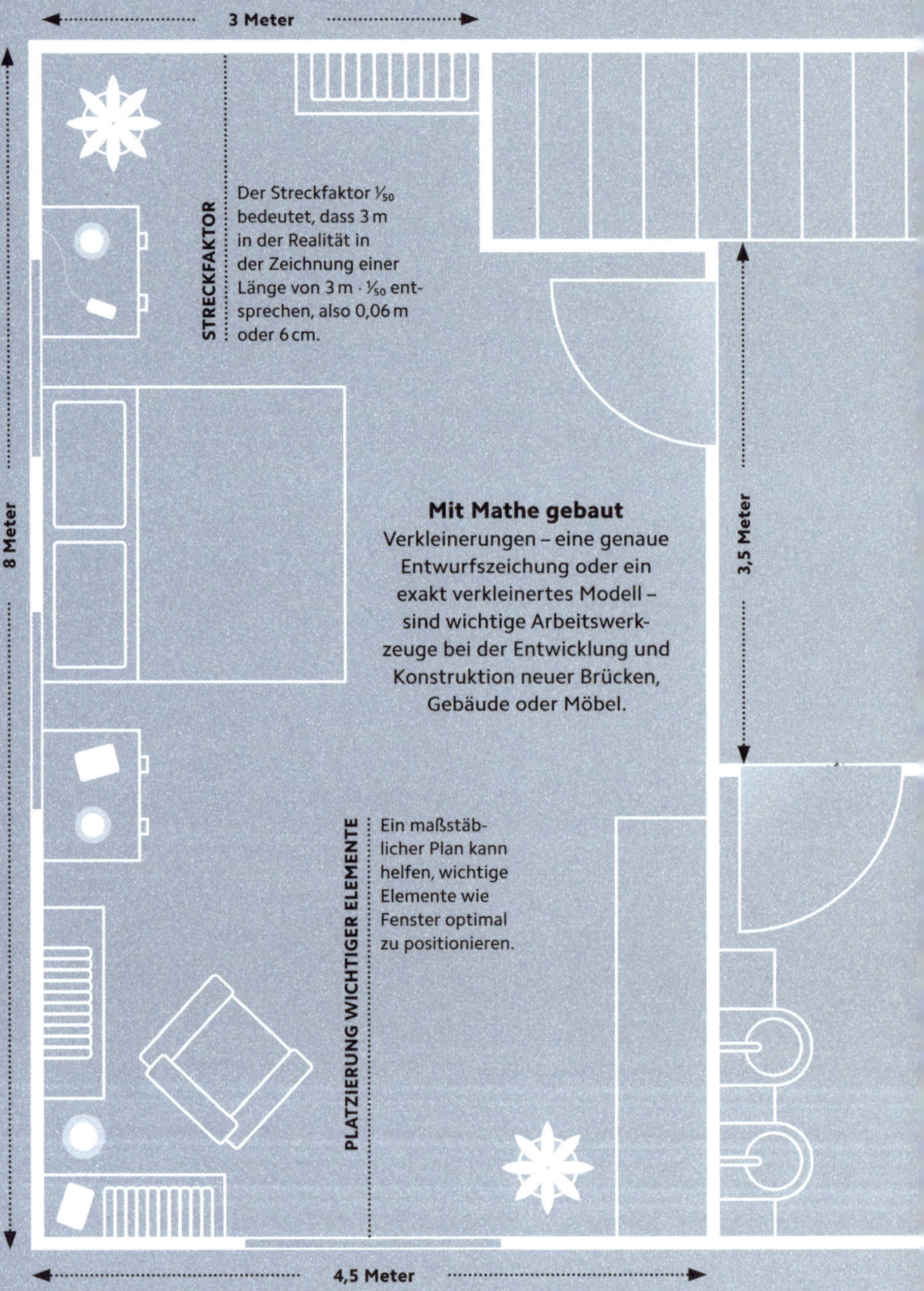

STRECKFAKTOR

Der Streckfaktor $\frac{1}{50}$ bedeutet, dass 3 m in der Realität in der Zeichnung einer Länge von $3\,\text{m} \cdot \frac{1}{50}$ entsprechen, also 0,06 m oder 6 cm.

Mit Mathe gebaut

Verkleinerungen – eine genaue Entwurfszeichung oder ein exakt verkleinertes Modell – sind wichtige Arbeitswerkzeuge bei der Entwicklung und Konstruktion neuer Brücken, Gebäude oder Möbel.

PLATZIERUNG WICHTIGER ELEMENTE

Ein maßstäblicher Plan kann helfen, wichtige Elemente wie Fenster optimal zu positionieren.

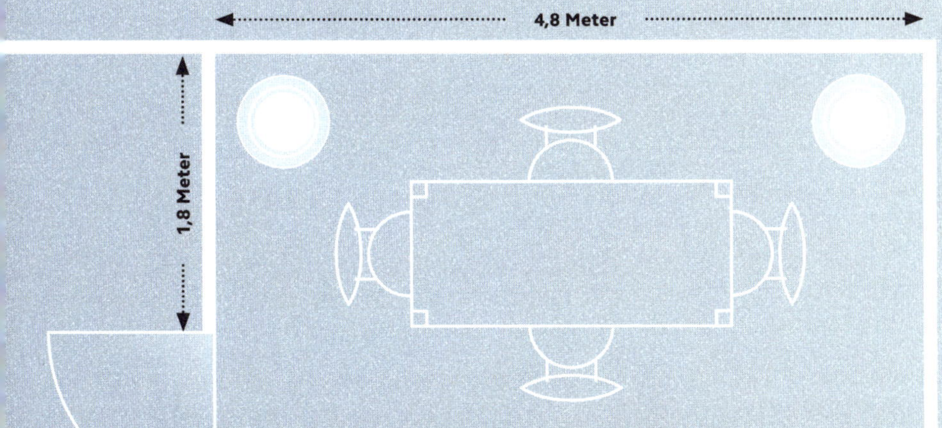

STRECK-FAKTOR

Verkleinerungen und Landkarten haben dieselben Proportionen wie die realen Gebäude oder Landschaften, die sie darstellen. Beim Zeichnen wurde ein bestimmter Streckfaktor (er heißt auch bei Verkleinerungen so) verwendet. In diesem Bild wurde der Streckfaktor $\frac{1}{50}$ (man schreibt auch Maßstab 1:50) verwendet. Das heißt, dass jede Länge in der Zeichnung genau $\frac{1}{50}$ der Originallänge entspricht. Verkleinerungen werden bei vielen Konstruktionen, beispielsweise im Möbeldesign und bei der Erstellung von Landkarten verwendet.

STRECKFAKTOR: $\frac{1}{50}$

ÄHNLICH

In der Geometrie gelten zwei Figuren als ähnlich, wenn sie die gleichen Proportionen haben: Wenn alle Seiten einer Figur doppelt so lang sind wie die Seiten einer anderen Figur und beide Formen gleiche Winkel haben, sind sie ähnlich. Stimmen dagegen die Seitenlängen und die Winkel zweier Figuren überein, so sind die Figuren kongruent (»deckungsgleich«). Orientierung und Position der Figuren spielen in beiden Fällen keine Rolle. Die Prinzipien der Kongruenz und Ähnlichkeit werden ebenfalls auf dreidimensionale Objekte angewendet (siehe oben).

KONGRUENT

ÄHNLICH

ODER GLEICH?

Kongruent oder ähnlich?
Die oben gezeigten Puppen haben alle dieselben Proportionen und sind daher alle ähnlich zueinander, einige sind aber größer, andere kleiner. In jeder Größe gibt es zwei Puppen, die außerdem gleich groß sind, und diese Paare sind jeweils kongruent.

> Kongruente Figuren stimmen in allen Seitenlängen und Winkeln überein.

UNBEKANNTER WINKEL

Will man die Größe dieses Winkels bestimmen, bezeichnet man die Höhe des Baums als Ankathete und die dem Winkel gegenüberliegende Seite als Gegenkathete. Die dem rechten Winkel gegenüberliegende Seite ist die Hypotenuse.

Mithilfe des Satzes des Pythagoras (siehe S. 110–111) kann man die Länge der Hypotenuse berechnen: Es sind rund 11,0 m (auf drei signifikante Stellen genau).

Man dividiert mit dem Taschenrechner die Gegenkathete durch die Ankathete und drückt für das Ergebnis die $\tan^{-1}$-Taste. So erhält man einen Winkel von rund 56,9° (auf drei signifikante Stellen gerundet).

> **»Trigonometrie ... ist nicht das Werk einer einzelnen Person oder Nation.«**
>
> Carl Benjamin Boyer

MIT DREIECKEN RECHNEN

Die Trigonometrie beruht auf den Beziehungen der Seitenlängen und Winkel von Dreiecken. In rechtwinkligen Dreiecken heißt die längste Seite Hypotenuse. Die anderen beiden Seiten heißen (bezogen auf den Winkel, um den es geht) Ankathete und Gegenkathete. Die drei Hauptbeziehungen in der Trigonometrie sind Sinus (sin), Kosinus (cos) und Tangens (tan). Sinus ist gleich Länge der Gegenkathete durch Länge der Hypotenuse, Kosinus ist gleich Länge der Ankathete durch Länge der Hypotenuse, Tangens ist gleich Länge der Gegenkathete durch Länge der Ankathete. Da rechtwinklige Dreiecke, die in allen drei Winkeln übereinstimmen, ähnlich sind, sind diese Verhältnisse in diesen Dreiecken immer gleich (siehe S. 114–115).

HYPOTENUSE

Winkel und Verhältnis

In diesem Beispiel berechnen wir den linken oberen Winkel. Die Länge der Gegenkathete und die Länge der Ankathete sind beide bekannt. Der Tangens eines Winkels ist gleich dem Wert, den man erhält, wenn man seine Gegenkathete durch seine Ankathete dividiert. Mithilfe des Tangens kann man die Winkelgröße bestimmen.

?

GEGENKATHETE (9,2 m)

NAHEZU EXAKTE DATEN

Die Berechnungen von mindestens drei GPS-Satelliten sind so präzise, dass ein Smartphone mit GPS unter freiem Himmel auf 5 m genaue Angaben machen kann.

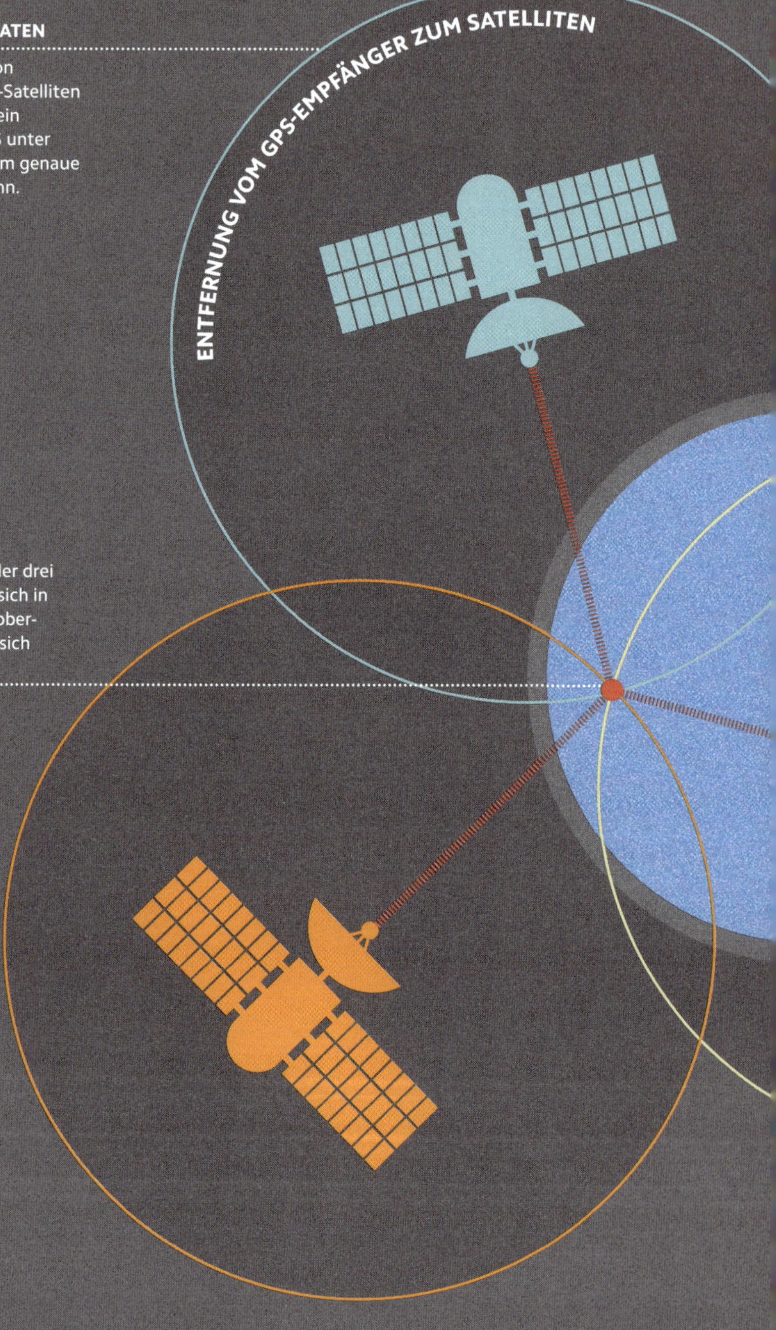

Die Abstandsradien der drei Satelliten schneiden sich in einem Punkt der Erdoberfläche. Hier befindet sich der GPS-Empfänger.

GPS-EMPFÄNGER

TRIGONOMETRIE IN AKTION

Trigonometrie wird in vielen unterschiedlichen Bereichen angewendet, von Konstruktion und Navigation bis hin zu Luftfahrt oder Astronomie. Mithilfe trigonometrischer Berechnungen kann man Längen und Winkel bestimmen. Während Astronomen die Entfernungen zwischen den Sternen am Nachthimmel trigonometrisch ermitteln, werden in der Architektur die Maße geplanter Gebäude berechnet. GPS-Programme (GPS = Global Positioning System) wenden die Trigonometrie auf Satellitensignale an, um den Standort eines GPS-Empfängers auf der Erde zu ermitteln.

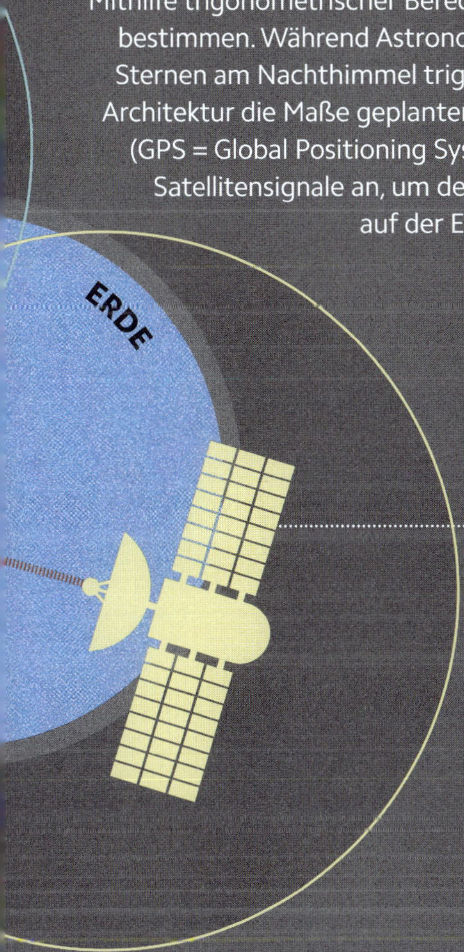

SATELLIT

Mit Atomuhren ausgestattete GPS-Satelliten senden hochpräzise Zeitstempel, sodass ihr Standort jederzeit lokalisiert werden kann.

Wie funktioniert GPS?

Ein GPS-Satellit gibt seine Position im Weltraum und seine Entfernung zu einem GPS-Empfänger auf der Erde an. Dies müssen mindestens drei Satelliten gleichzeitig tun, damit der Schnittpunkt ihrer Entfernungsradien als eindeutiger Punkt der Erdoberfläche berechnet werden kann. Dieser Prozess heißt Trilateration.

BELIEBIGE DREIECKE

Sinus- und Kosinussatz ermöglichen die Berechnung unbekannter Seiten und Winkel auch in Dreiecken ohne rechten Winkel, wenn zwei Seiten und der eingeschlossene Winkel oder alle drei Seitenlängen bekannt sind. Welcher der beiden Sätze verwendet wird, hängt davon ab, welche Werte bekannt sind und welche berechnet werden müssen. In den Formeln stehen immer die Winkel mit den gegenüberliegenden Seiten in Korrelation, beispielsweise der Winkel α und die Seite a. Tasten für Sinus und Kosinus findet man auf dem Taschenrechner als *sin* und *cos*.

β

a

c

Unterschiede zwischen den Sätzen

Es gibt zwei Versionen des Sinussatzes: Eine dient zur Bestimmung einer Seite (siehe unten) und eine zur Ermittlung eines Winkels. Entsprechend gibt es auch zwei Versionen des Kosinussatzes: eine zur Bestimmung einer Seite und eine zur Ermittlung eines Winkels (siehe unten).

SINUSSATZ
(VERSION FÜR DIE UNBEKANNTE SEITE)

$$\frac{a}{\sin\alpha} = \frac{b}{\sin\beta} = \frac{c}{\sin\gamma}$$

KOSINUSSATZ
(VERSION FÜR DEN UNBEKANNTEN WINKEL)

$$\cos\alpha = \frac{b^2 + c^2 - a^2}{2bc}$$

γ

α

b

GESCHWINDIGKEIT

Die Geschwindigkeit eines Objekts ist gleich dem zurückgelegten Weg in einer bestimmten Zeit. Zur Berechnung wird der zurückgelegte Weg durch die dafür benötigte Zeit dividiert.

WEG

Der zurückgelegte Weg eines Objekts wird berechnet, indem man die Geschwindigkeit mit der benötigten Zeit multipliziert.

WEG

WEG = GESCHWINDIGKEIT · ZEIT

GESCHWIN-DIGKEIT

GESCHWINDIGKEIT = WEG : ZEIT

ZEIT

ZEIT = WEG : GESCHWINDIGKEIT

ZUSAMMENGESETZTE MAßE

Manche Einheiten stehen in Verbindung mit einer oder zwei anderen. Geschwindigkeiten werden beispielsweise in Kilometer pro Stunde (km/h) angegeben, denn es wird der Weg gemessen, der innerhalb einer bestimmten Zeit zurückgelegt wurde. Andere zusammengesetzte Einheiten sind Druck, Kraft und Dichte.

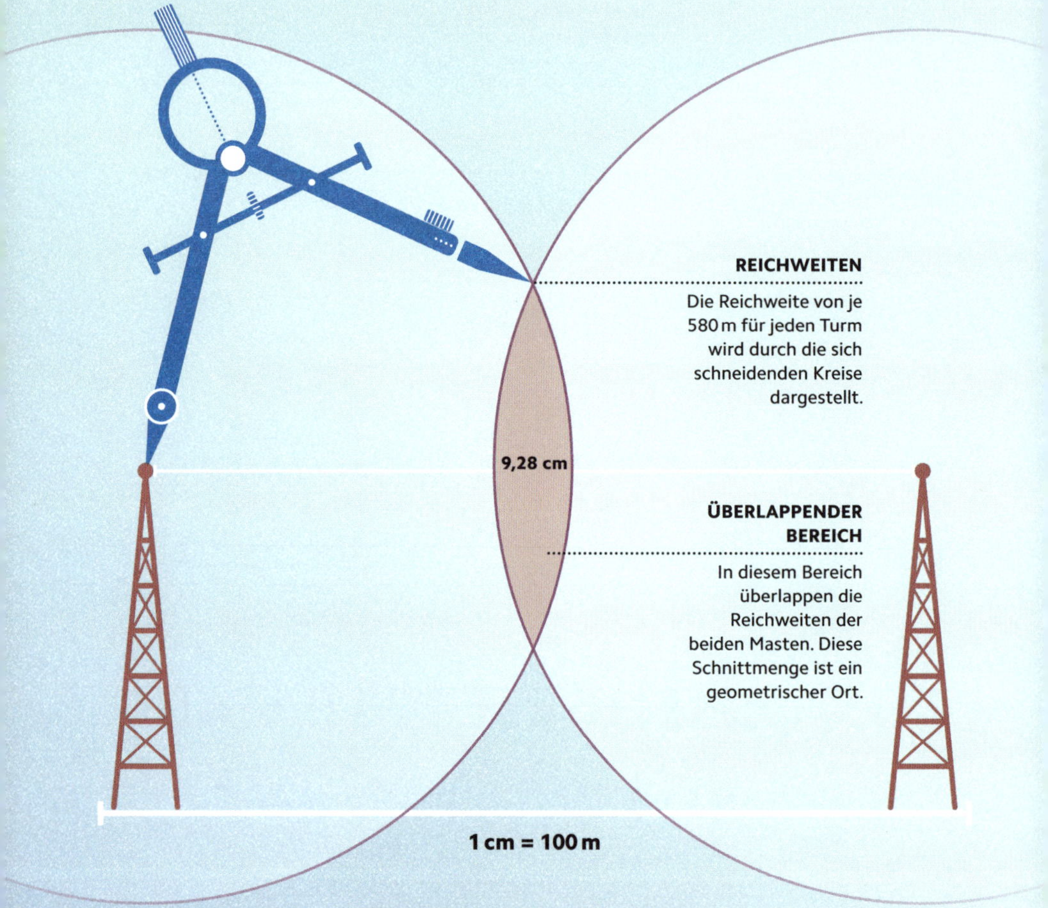

ORTSLINIEN

Ein geometrischer Ort (oder eine Ortslinie) ist eine Menge von Punkten, die mit Zirkel und Lineal konstruiert wird und eine oder mehrere bestimmte Bedingungen erfüllt. Ein einfaches Beispiel für einen geometrischen Ort ist eine Kreislinie: Alle Punkte liegen gleich weit von einem gegebenen Punkt entfernt. Ein geometrischer Ort kann auch dreidimensional sein. Durch die Kombination zweier geometrischer Orte kann man (wie oben) einen neuen geometrischen Ort konstruieren: Im Beispiel sind das die überlappenden Reichweiten (dargestellt durch Kreise) zweier Sendemasten.

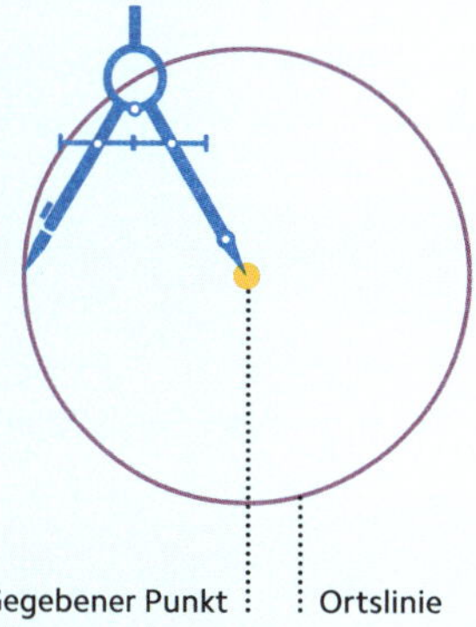

Fester Abstand von einem Punkt
Man sticht mit dem Zirkel in den gegebenen Punkt ein und zieht eine volle Kreislinie. Auf dieser Ortslinie haben alle Punkte denselben Abstand von dem vorgegebenen Punkt.

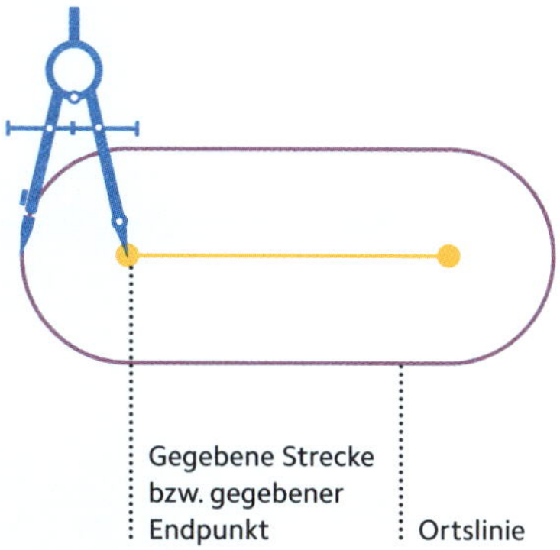

Fester Abstand von einer Strecke
Dies ist die Ortslinie aller Punkte, die von einer gegebenen Strecke denselben Abstand haben. Die Halbkreise zeichnet man mit einem Zirkel um die Streckenenden und die geraden Strecken dazwischen mithilfe eines Lineals.

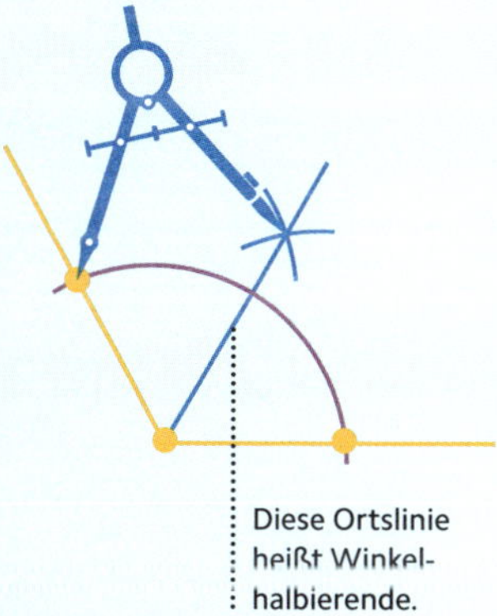

Gleiche Entfernung zu sich schneidenden Geraden
Diese Ortslinie (blau) ist eine Gerade, die aus allen Punkten besteht, die zu zwei sich schneidenden Geraden (gelb) denselben Abstand haben.

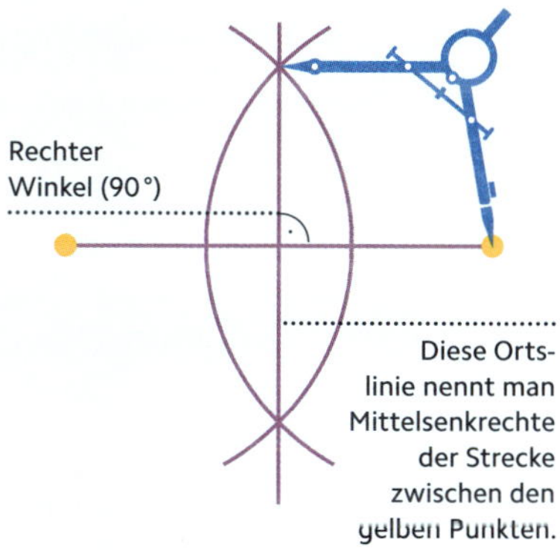

Gleiche Entfernung zu zwei Punkten
Die Ortslinie aller Punkte, die zu zwei gegebenen Punkten denselben Abstand haben, ist die Verbindungslinie der Schnittpunkte der beiden entsprechenden Ortslinien zu den zwei gegebenen Punkten.

AUSGANGSPUNKT

BEABSICHTIGTE ROUTE

In einem vollkommen stillen Gewässer wäre die Richtung des Schiffs durch einen Vektor in Richtung 30 in horizontale und 0 in vertikale Richtung gegeben.

GEPLANTE (FAHRT-)RICHTUNG

TATSÄCHLICHE (FAHRT-)RICHTUNG

BETRAG UND RICHTUNG

Ein Vektor ist ein gerichteter Pfeil mit einer bestimmten Länge (dem Betrag). Jeder Vektor ist durch seine Richtung und seinen Betrag eindeutig. Schriftlich wird ein Vektor durch eine Spalte (siehe S. 126) dargestellt, in der die Einheiten (zum Beispiel Meter) der horizontalen Richtung über den Einheiten der vertikalen Richtung notiert werden (siehe rechts). Ist die horizontale Einheit positiv, so zeigt der Vektor nach rechts, ist sie negativ, weist er nach links. Ist die vertikale Einheit positiv, so zeigt der Vektor aufwärts, ansonsten abwärts.

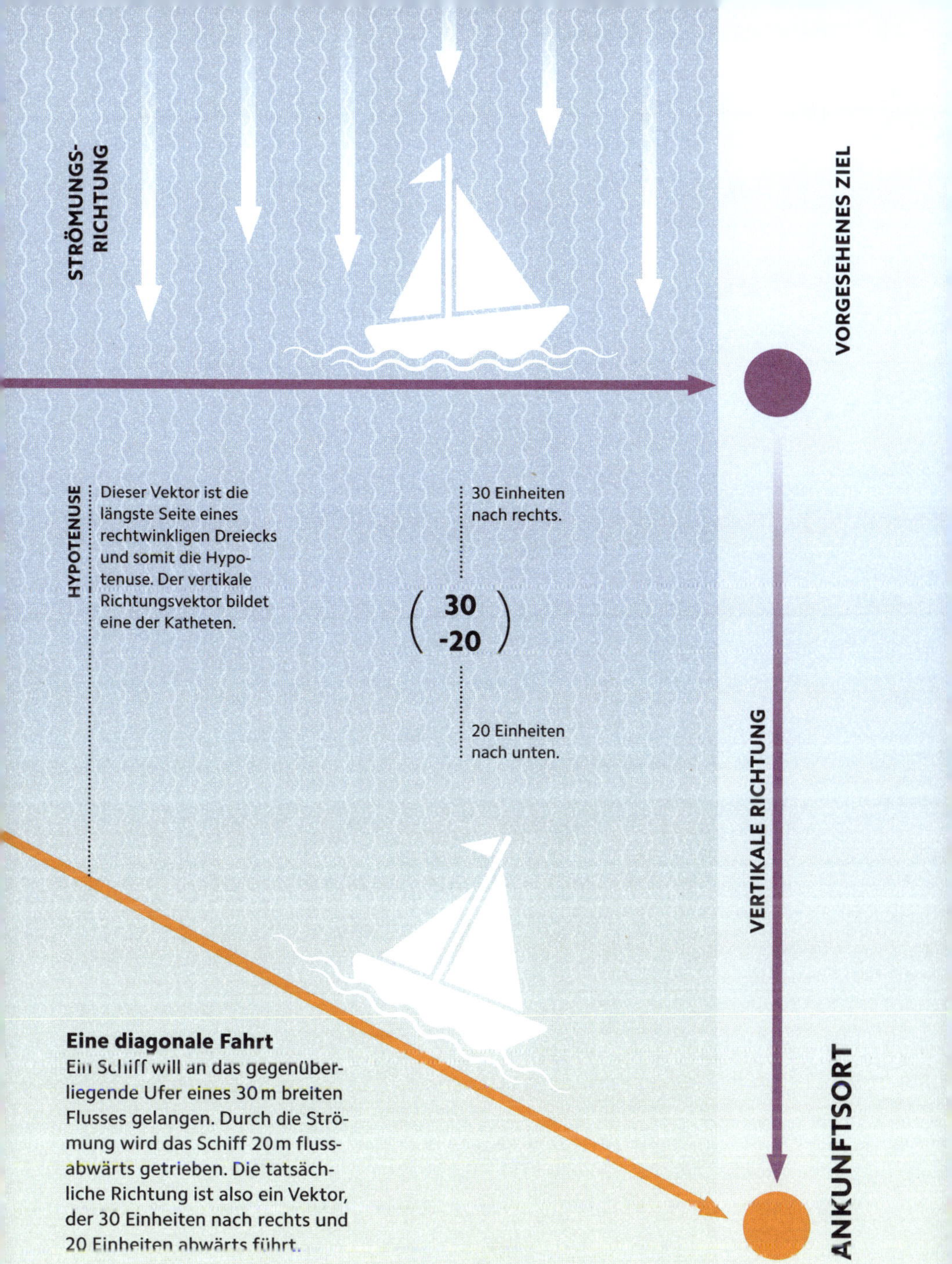

Eine diagonale Fahrt
Ein Schiff will an das gegenüberliegende Ufer eines 30 m breiten Flusses gelangen. Durch die Strömung wird das Schiff 20 m flussabwärts getrieben. Die tatsächliche Richtung ist also ein Vektor, der 30 Einheiten nach rechts und 20 Einheiten abwärts führt.

WAS IST EINE MATRIX?

Eine Matrix (Plural: Matrizen) ist ein rechteckiges Schema aus Zahlen oder Variablen, das von einer runden oder eckigen Klammer eingeschlossen ist. In Matrizen können große Datenmengen in Spalten und Reihen gespeichert werden. Viele umfangreiche Berechnungen lassen sich mithilfe von Matrizen wesentlich einfacher darstellen und durchführen. Sie finden Einsatz in vielen wissenschaftlichen Bereichen wie Physik, Informationstechnik und Kryptografie. Matrizen können addiert, subtrahiert und multipliziert werden, wenn sie jeweils gleich viele Zeilen und Spalten haben.

$3 + 4 = 7$

$$\begin{bmatrix} 3 & 8 \\ 4 & 6 \end{bmatrix} + \begin{bmatrix} 4 & 0 \\ 1 & -9 \end{bmatrix} = \begin{bmatrix} 7 & 8 \\ 5 & -3 \end{bmatrix}$$

Mit Matrizen rechnen

Bei der Addition oder Subtraktion wird jedem Element der ersten Matrix das entsprechende Element der zweiten Matrix addiert oder subtrahiert. Bei der Multiplikation zweier Matrizen wird jede Reihe der ersten Matrix mit jeder Spalte der zweiten Matrix multipliziert, wobei die einzelnen Produkte addiert werden.

Der erste nachgewiesene Einsatz von Matrizen fand im 2. Jh. v. Chr. in China statt.

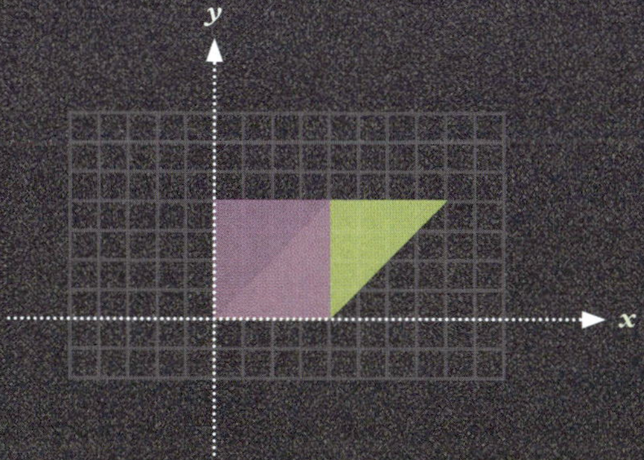

Scherung

Diese Matrix führt eine horizontale Scherung auf der ursprünglichen Figur (pinkfarbenes Quadrat) aus.

$$\begin{bmatrix} 1 & 1 \\ 0 & 1 \end{bmatrix} \cdot \begin{bmatrix} x \\ y \end{bmatrix}$$

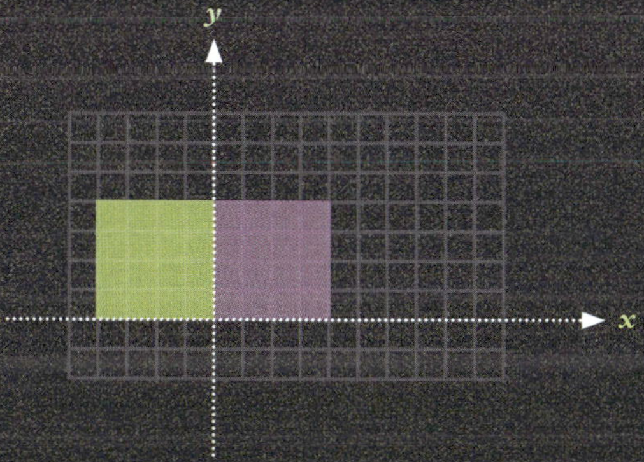

Spiegelung

Das ursprüngliche Quadrat (pink) wird anhand der Matrix an der *y*-Achse gespiegelt.

$$\begin{bmatrix} -1 & 0 \\ 0 & 1 \end{bmatrix} \cdot \begin{bmatrix} x \\ y \end{bmatrix}$$

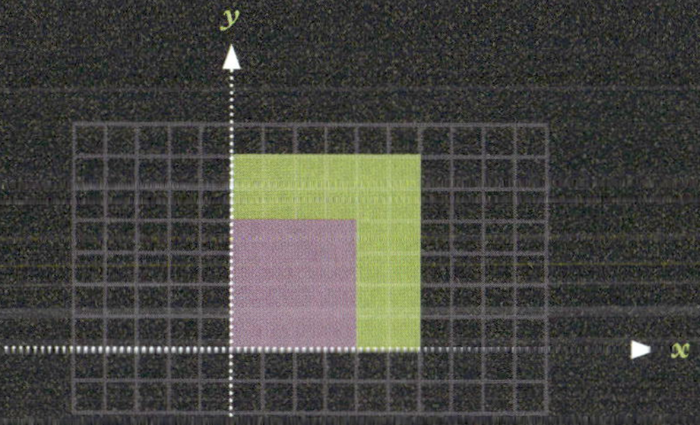

Vergrößerung

Das ursprüngliche Quadrat (pink) wird mittels dieser Matrix um den Faktor 1,5 vergrößert.

$$\begin{bmatrix} 1{,}5 & 0 \\ 0 & 1{,}5 \end{bmatrix} \cdot \begin{bmatrix} x \\ y \end{bmatrix}$$

STATIST
PROBAB

IK UND LISTIK

Wahrscheinlichkeitstheorie und Statistik sind Bereiche der Mathematik, in denen Daten erhoben und untersucht werden. In der Statistik werden Daten analysiert, um Trends und Beziehungen zwischen Daten zu erkennen. Da Statistiken für effektive Planungen benötigt werden, werden viele statistische Erhebungen im Auftrag des Staates durchgeführt. Die Wahrscheinlichkeitstheorie hat sich aus Glücksspiel und Versicherungswesen entwickelt. Hier ist es wichtig, die Chancen für bestimmte zukünftige Ergebnisse zu berechnen. Die Wahrscheinlichkeit spielt in allen Lebensbereichen eine wichtige Rolle, darunter auch so unterschiedliche wie die Risikoanalyse oder die Quantenphysik.

IST STATISTIK WICHTIG?

Daten sind Informationen und können quantitativ (zahlenbezogen) oder qualitativ (Meinungen und Beschreibungen beinhaltend) sein. Statistik beschäftigt sich mit Sammlung, Organisation, Präsentation und Analyse von Daten. Anhand der Daten sollen Fragen beantwortet und Probleme gelöst werden. Wissenschaftliche, medizinische, industrielle oder soziale Themen werden statistisch verarbeitet. Bei der effektiven Präsentation und Analyse der Daten spielt die Mathematik eine unverzichtbare Rolle.

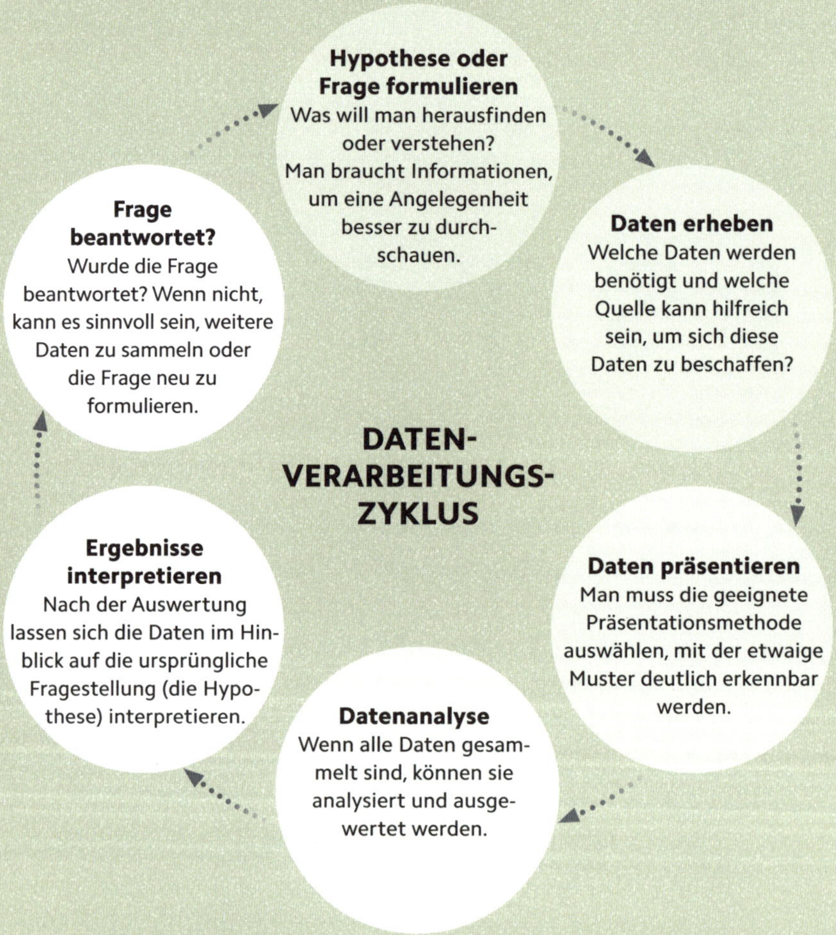

DATEN SAMMELN

Statistiker sammeln Daten über eine Gruppe von Individuen, die sogenannte Population, beispielsweise in Form einer Umfrage oder einer Volkszählung. Die Stichprobenauswahl findet immer unter der Annahme statt, dass die Stichprobe die Gesamtheit der Population abbildet. Zufällige Stichprobenentnahmen können dies leisten, allerdings muss man mit großer Sorgfalt vorgehen, um Voreingenommenheit zu vermeiden.

Datensammlung
Qualitativ hochwertige Daten werden sehr geschätzt und Regierungen und Firmen verwenden viel Zeit und Geld darauf, an solche Informationen zu gelangen.

DIAGRAMME

In der Statistik geht es darum, Daten so zu verarbeiten, dass man tiefere Einsichten in einen Gedanken oder eine Theorie gewinnt. Die gesammelten Daten werden in Form von Zahlen oder Worten zusammengefasst. Die visuelle Präsentation ermöglicht ein besseres Verständnis aller Muster und Trends sowie Vergleiche zwischen verschiedenen Datensätzen. Je nach Art der Daten verwendet man unterschiedliche Diagramme. Es gibt diskrete Daten, z.B. die Anzahl der Mitarbeiter in einer Firma, oder auch nicht-numerische Daten in qualitativer Form oder nach Kategorien geordnet (Beispiel: Lieblingsgerichte).

KATEGORIE	HÄUFIGKEIT
ORANGE	3
GRÜN	7
VIOLETT	6
ROT	3
GELB	4

Tabelle
Am einfachsten lassen sich Daten in einer Tabelle ordnen. Die Häufigkeit gibt an, wie oft ein Wert einer Kategorie vorkommt.

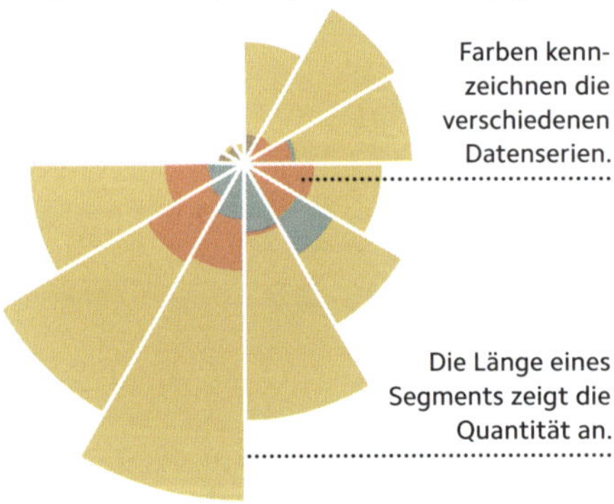

Coxcomb-Diagramm
Da es wie ein Tortendiagramm angeordnet ist, lassen sich darin zyklische Werte, z.B. für die Monate eines Jahres, gut darstellen.

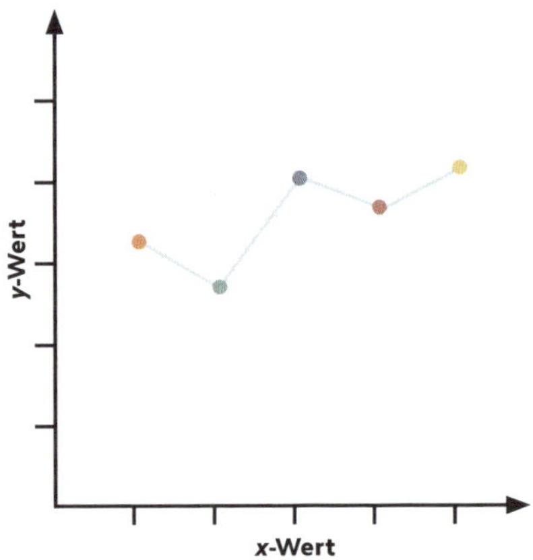

Liniendiagramm
Liniendiagramme eignen sich gut für Daten, die über einen gewissen Zeitraum beobachtet wurden. Sie werden daher meist für kontinuierliche Daten verwendet.

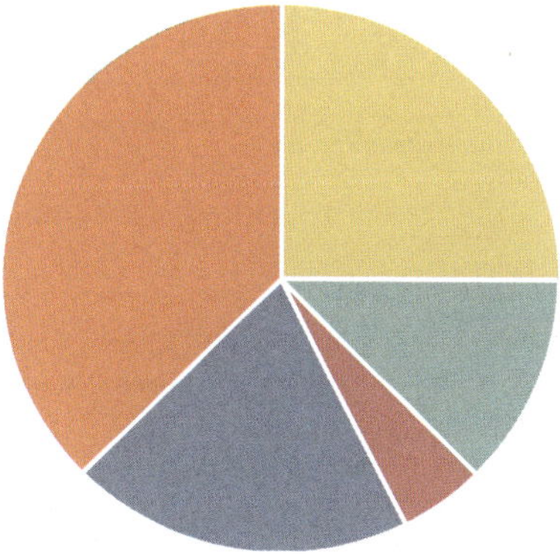

Tortendiagramm
Stellt die Häufigkeiten als Anteile von einem Ganzen dar. Die Winkelgrößen der einzelnen Tortenstücke zeigen, wie groß der Anteil einer jeden Kategorie am Ganzen ist.

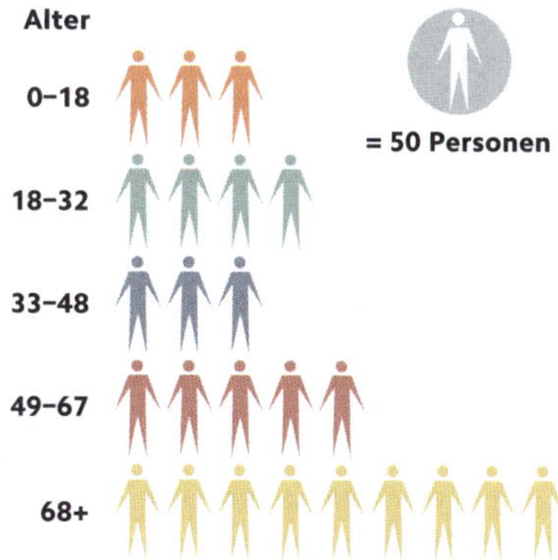

Piktogramm
Piktogramme sind wie Balkendiagramme, aber sie stellen die Häufigkeiten mithilfe von Bildern und nicht mit Balken dar.

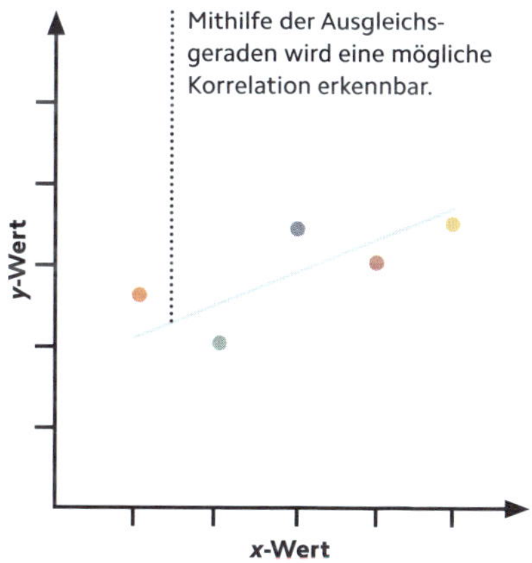

Streudiagramm
Streudiagramme zeigen das Verhältnis zweier Werte und man erkennt, ob eine Korrelation vorliegt (z. B. zwischen Alter und Größe).

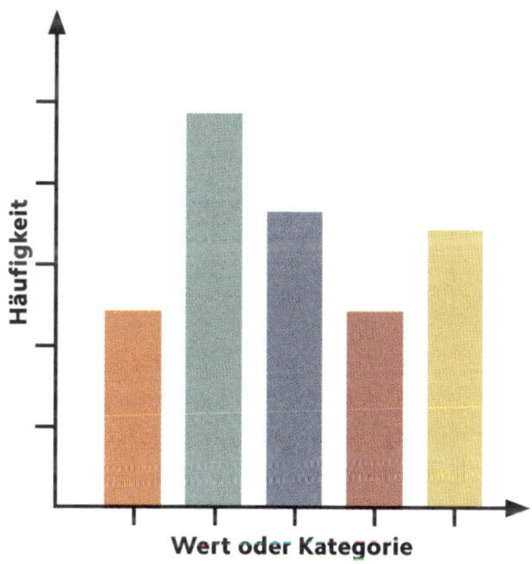

Säulendiagramme
Säulendiagramme eignen sich für die Präsentation kategorialer oder diskreter Daten. Sie geben die Häufigkeit für jede Kategorie oder jeden Wert an.

DATEN AUSWERTEN

Wir sammeln riesige Datenmengen und die Statistik hilft uns bei ihrer Interpretation. Mittelwerte verschaffen uns eine Vorstellung von möglichen typischen Werten und die Spannweite gibt an, wie breit die Daten gestreut sind. Mit einer ausreichenden Datenmenge lässt sich die durchschnittliche Wurfweite einer Kugelstoßerin ermitteln und feststellen, wie beständig ihre Leistung ist. Statistik ermöglicht die Analyse von Mustern oder möglichen Korrelationen zwischen zwei Faktoren wie der CO_2-Konzentration und der globalen Temperatur. So unterstützen ihre Analysen Industrie und Regierung bei Entscheidungen.

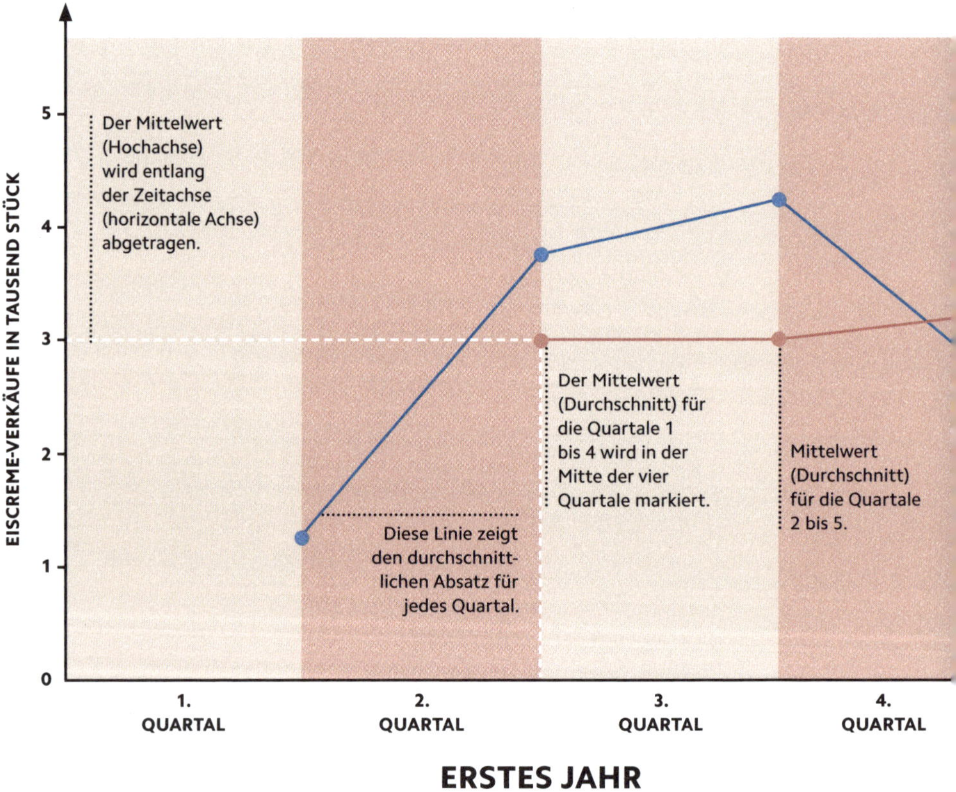

Verkaufszahlen

Die Analyse der Verkaufszahlen erleichtert Entscheidungen bezüglich Lagerhaltung und Werbeausgaben. Die Tabelle zeigt den Absatz von Eiscreme über eine zweijährige Periode. Jedes Jahr ist in vier Quartale unterteilt.

	ERSTES JAHR				ZWEITES JAHR			
QUARTAL	1	2	3	4	5	6	7	8
VERKÄUFE IN TAUSEND STÜCK	1,25	3,75	4,25	2,5	1,5	4,75	5,0	2,75

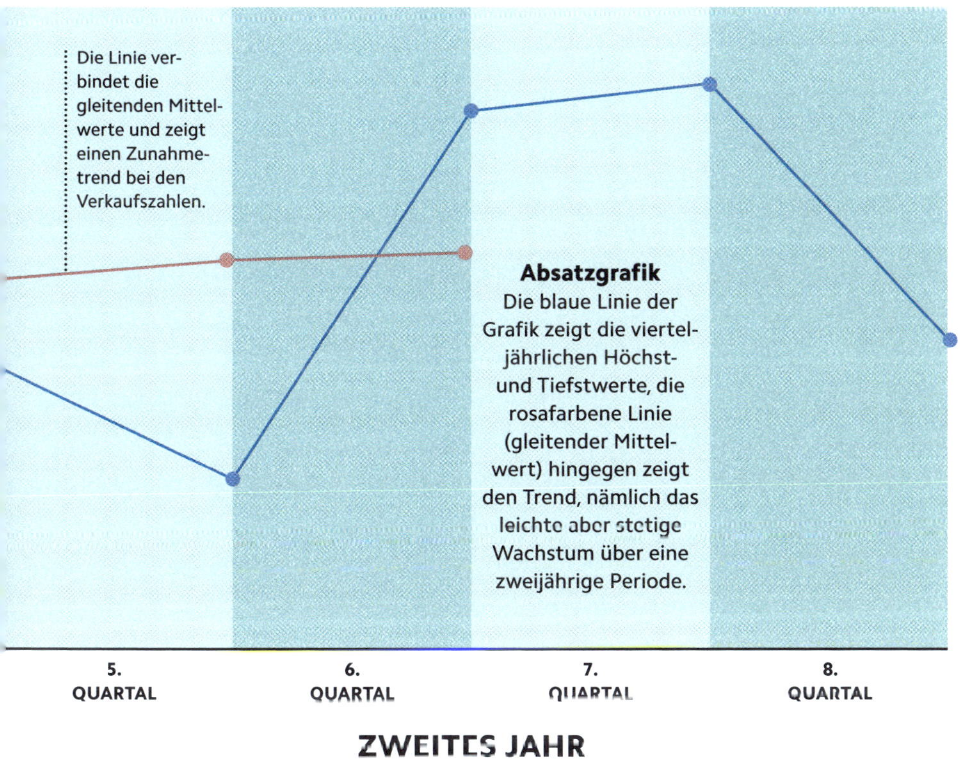

Absatzgrafik
Die blaue Linie der Grafik zeigt die vierteljährlichen Höchst- und Tiefstwerte, die rosafarbene Linie (gleitender Mittelwert) hingegen zeigt den Trend, nämlich das leichte aber stetige Wachstum über eine zweijährige Periode.

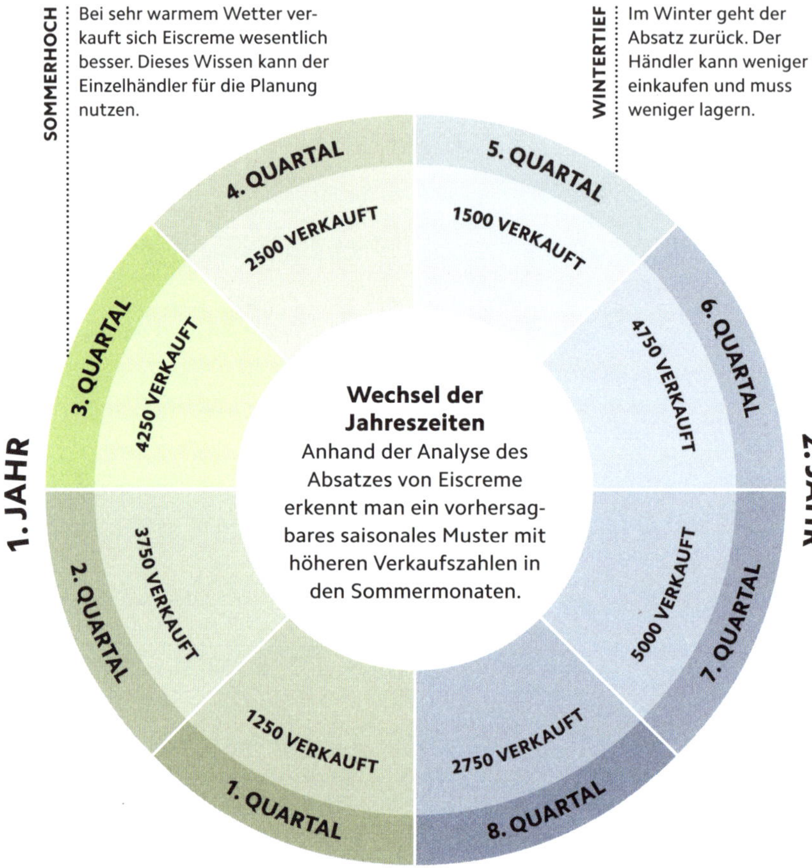

WAS BEDEUTET DAS?

Die Interpretation von Daten ist ein Prozess, in dem versucht wird, die Bedeutung der Daten im Kontext des betrachteten Problems zu erkennen. In klinischen Studien werden Hypothesen getestet (»Dieses Medikament hilft effektiv gegen jene Erkrankung.«). Die Analyse beobachteter Daten wie Stromverbrauch und jährliche Verkäufe ermöglicht eine gewisse Vorhersagbarkeit und bessere Planung.

ZUSAMMENHÄNGE ERKENNEN

Streudiagramme zeigen das Verhältnis zwischen zwei Werten. Ändert sich der zweite Wert immer, wenn der erste Wert sich ändert, so spricht man von einer Korrelation. Eine negative Korrelation liegt dann vor, wenn der zweite Wert abnimmt, sobald der erste zunimmt. Wenn sich dagegen beide in die gleiche Richtung verändern, liegt eine positive Korrelation vor. Mithilfe einer Ausgleichsgeraden kann man eine solche Korrelation und eventuelle Ausreißer gut sichtbar machen. Gibt es keine Korrelation, sind die Daten voneinander unabhängig.

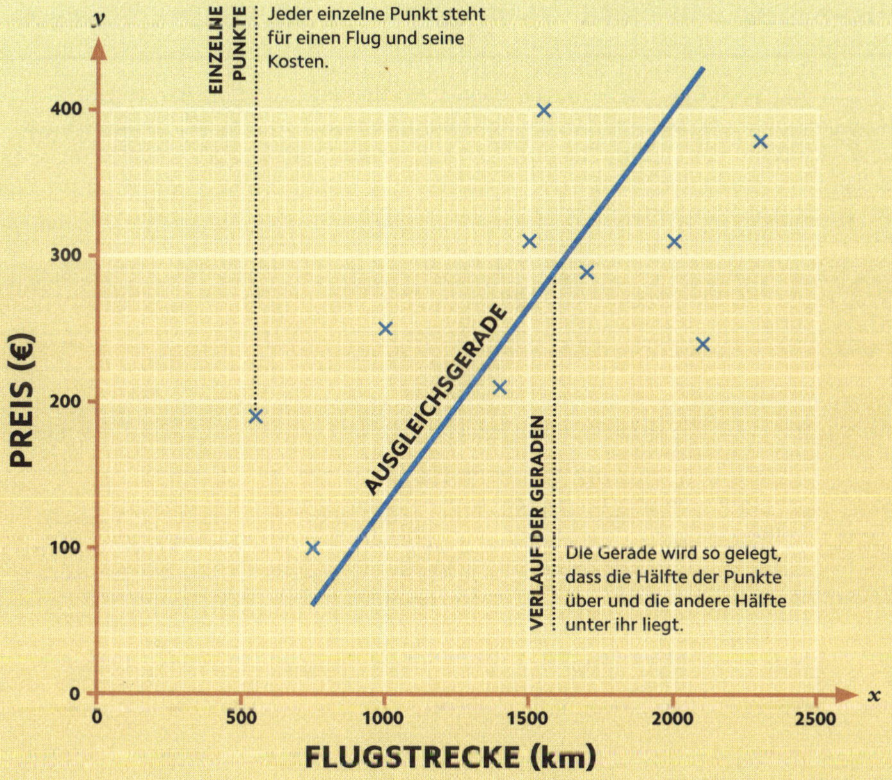

CHANCEN BESTIMMEN

Die Wahrscheinlichkeit für ein bestimmtes Ereignis wird anhand einer Wahrscheinlichkeitsskala von 0 (keine Chance für das Eintreten des Ereignisses) bis 1 (das Ereignis tritt sicher ein) angegeben. Die Wahrscheinlichkeitsrechnung geht zwar ursprünglich auf Glücksspiele zurück, aber ihre Ideen und Konzepte haben längst Eingang ins alltägliche Leben gefunden: von Versicherungen und Wettervorhersagen über politische Umfragen bis hin zu klinischen Studien.

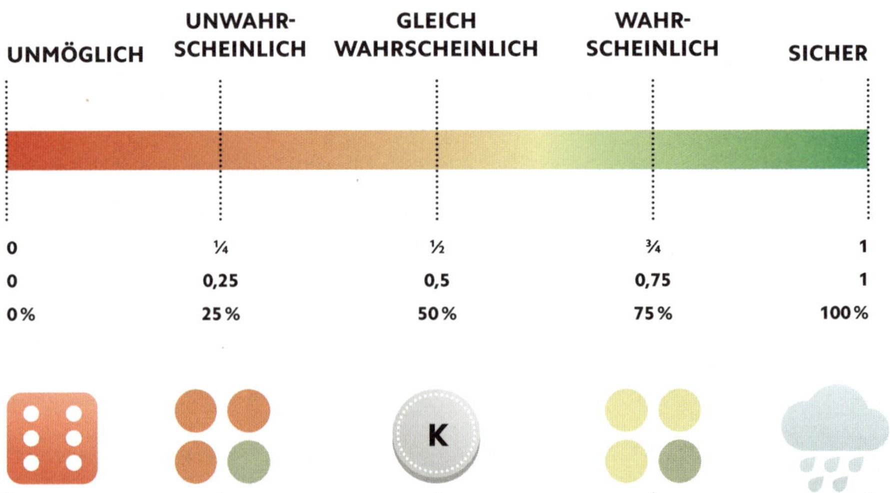

Die Wahrscheinlichkeit, bei jedem von 100 Würfen eine Sechs zu würfeln, ist nahezu 0.

Die Wahrscheinlichkeit, einen grünen Ball zu ziehen, beträgt ¼.

Beim einfachen Münzwurf ist die Wahrscheinlichkeit, Kopf zu werfen, gleich ½.

Die Wahrscheinlichkeit, einen gelben Ball zu ziehen, beträgt ¾.

Die Wahrscheinlichkeit, dass es irgendwo auf der Welt morgen regnet, ist gleich 1.

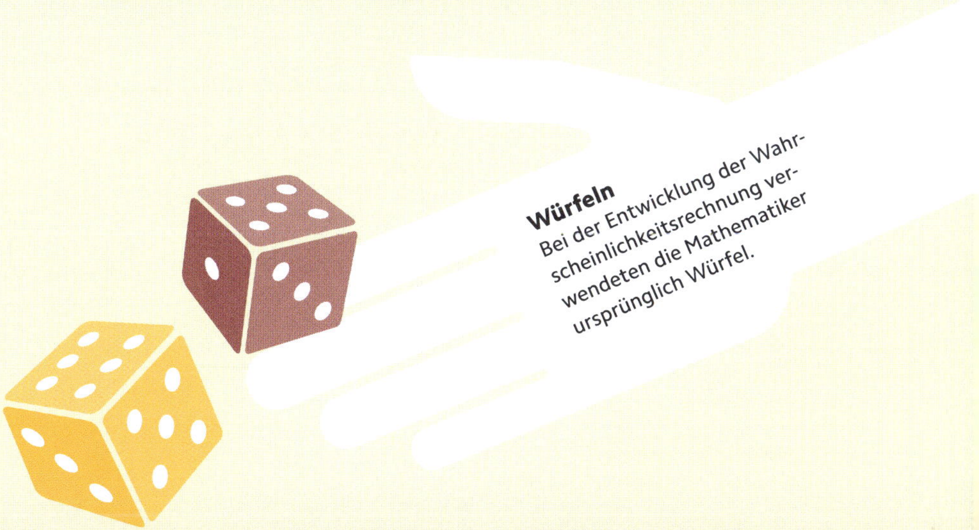

Würfeln
Bei der Entwicklung der Wahrscheinlichkeitsrechnung verwendeten die Mathematiker ursprünglich Würfel.

ERGEBNISSE ZÄHLEN

Der Mensch liebt Sicherheit – wir alle würden gern die Wahrscheinlichkeit bestimmter Ereignisse kennen. Manche Ereignisse können auf verschiedene Weise zustande kommen. Das Ereignis »zu spät zur Arbeit kommen« könnte von diesen beiden Ergebnissen abhängen: »zu spät aufgestanden« und »die Bahn hatte Verspätung«. Trägt man die 36 möglichen Ergebnisse eines zweifachen Würfelwurfs in eine Tabelle ein, erkennt man, welche Würfelsummen mehr oder weniger wahrscheinlich sind.

Chancen berechnen
Kennt man die Anzahl der Ergebnisse, die zu einem bestimmten Ereignis führen, beispielsweise zu einer bestimmten Würfelsumme beim zweifachen Würfelwurf, so kann man die Wahrscheinlichkeit berechnen.

	⚀	⚁	⚂	⚃	⚄	⚅
⚀	2	3	4	5	6	7
⚁	3	4	5	6	7	8
⚂	4	5	6	7	8	9
⚃	5	6	7	8	9	10
⚄	6	7	8	9	10	11
⚅	7	8	9	10	11	12

WAHRSCHEINLICHER
Die Augensumme 7 kann beim zweifachen Würfelwurf auf sechs unterschiedliche Arten gewürfelt werden.

Die 12 erhält man beim zweifachen Würfelwurf nur auf eine einzige Art.
WENIGER WAHRSCHEINLICH

WAHRSCHEINLICHKEIT EINES EREIGNISSES = $\frac{\text{ANZAHL DER GEWÜNSCHTEN ERGEBNISSE}}{\text{GESAMTZAHL DER MÖGLICHEN ERGEBNISSE}}$

Glücksrad
Es gibt nur eine einzige Möglichkeit, bei der 2 zu landen, aber es gibt insgesamt fünf mögliche Ergebnisse. Die theoretische Wahrscheinlichkeit, eine 2 zu drehen, beträgt somit ⅕.

IN EINER PERFEKTEN WELT

Wahrscheinlichkeit ist die Chance des Eintreffens eines Ereignisses unter der Voraussetzung, dass man alle möglichen Ergebnisse kennt. Wirft man einen Würfel, gibt es sechs mögliche Ergebnisse (1 bis 6). Diese Ergebnisse schließen sich gegenseitig aus (sie können nicht gleichzeitig auftreten). Für das Ereignis »Vielfaches von 3 würfeln« gibt es zwei mögliche Ergebnisse: 3 und 6. Mit der oben gezeigten Formel ergibt sich die Wahrscheinlichkeit, sie beträgt $\frac{2}{6}$ oder ⅓.

GEWINNCHANCEN TESTEN

Theoretische Vorhersagen können experimentell überprüft werden, indem man den Versuch häufig genug wiederholt – einen Würfelwurf beispielsweise – und die Ergebnisse aufzeichnet. Dabei ist die Anzahl der Wiederholungen wichtig. Je häufiger der Versuch wiederholt wird, desto näher sollte die relative Häufigkeit an der theoretischen Wahrscheinlichkeit liegen. Je mehr Informationen man in Experimenten gewinnt, desto bessere Vorhersagen sind möglich. Klinische Studien über die Wirksamkeit von Medikamenten sind nur ein Beispiel.

$$\text{RELATIVE HÄUFIGKEIT} = \frac{\text{HÄUFIGKEIT DES EREIGNISSES}}{\text{ANZAHL DER VERSUCHE}}$$

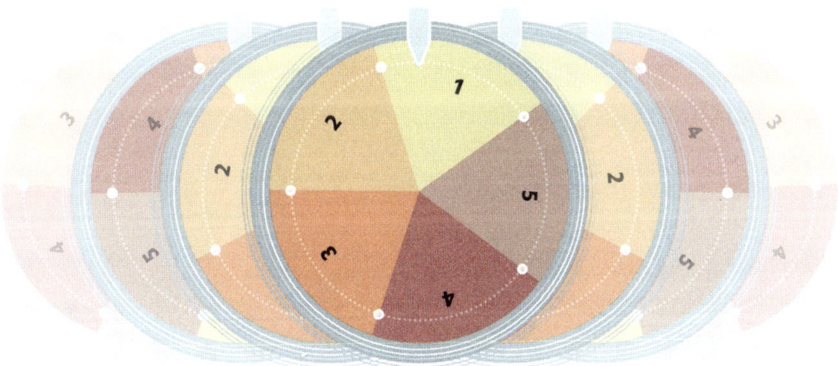

Wie dreht sich das Rad?
Die theoretische Wahrscheinlichkeit für das Drehen einer 1 beträgt $\frac{1}{5}$ (20 %). Die 50 Drehungen lassen vermuten, dass die tatsächliche Wahrscheinlichkeit $\frac{6}{50}$ (12 %) beträgt. Man muss allerdings wesentlich mehr Versuche durchführen, um zu sehen, ob das Rad fair ist oder gezinkt.

ZAHL	HÄUFIGKEITEN
1	6
2	11
3	10
4	14
5	9
GESAMT	50 VERSUCHE

Infektionsraten
Der Baum zeigt die Effektivität eines Krankheitstests. Man sieht, dass der Test in 95 % aller Fälle das richtige Ergebnis anzeigt.

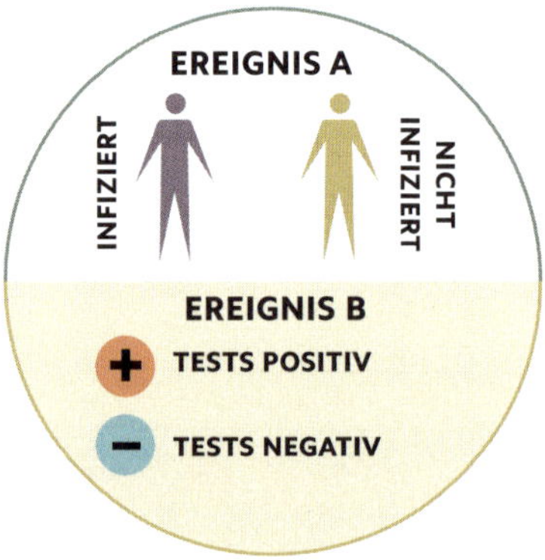

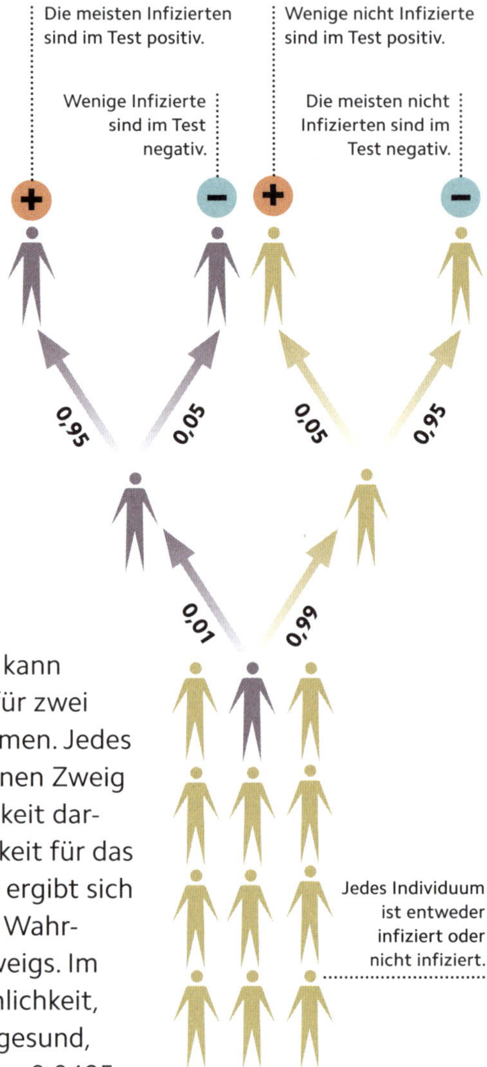

Mithilfe eines Baumdiagramms kann man die Wahrscheinlichkeiten für zwei unabhängige Ereignisse bestimmen. Jedes mögliche Ereignis wird durch einen Zweig mit Angabe der Wahrscheinlichkeit dargestellt. Die Endwahrscheinlichkeit für das Ergebnis am Ende jedes Zweigs ergibt sich immer durch Multiplikation der Wahrscheinlichkeiten entlang des Zweigs. Im Beispiel beträgt die Wahrscheinlichkeit, falsch positiv getestet zu sein (gesund, aber im Test positiv) $0{,}99 \cdot 0{,}05 = 0{,}0495$, also knapp 1 : 20.

WAHRSCHEINLICHKEITSBAUM

TEIL VOM GANZEN

Venn-Diagramme interpretieren
Im einfachen Venn-Diagramm kann man die Relationen einer Beispielpopulation mit zwei oder mehr gemeinsamen Eigenschaften darstellen und berechnen.

Venn-Diagramme sind einfache bildliche Darstellungen von Datenmengen oder Wahrscheinlichkeiten und deren Überlappungen. Ein Venn-Diagramm besteht aus einem Viereck, das die Gesamtheit der betrachteten Menge oder Ergebnisse darstellt, sowie einander überlappenden Kreisen, die jeweils eine Teilmenge oder Ereignisse repräsentieren. Jeder Bereich enthält Informationen über Einzelereignisse und zusammenfallende Ereignisse.

Wie viel?
Der überlappende Bereich in einem Venn-Diagramm zeigt, wie wahrscheinlich es ist, dass zwei Ereignisse zusammentreffen.

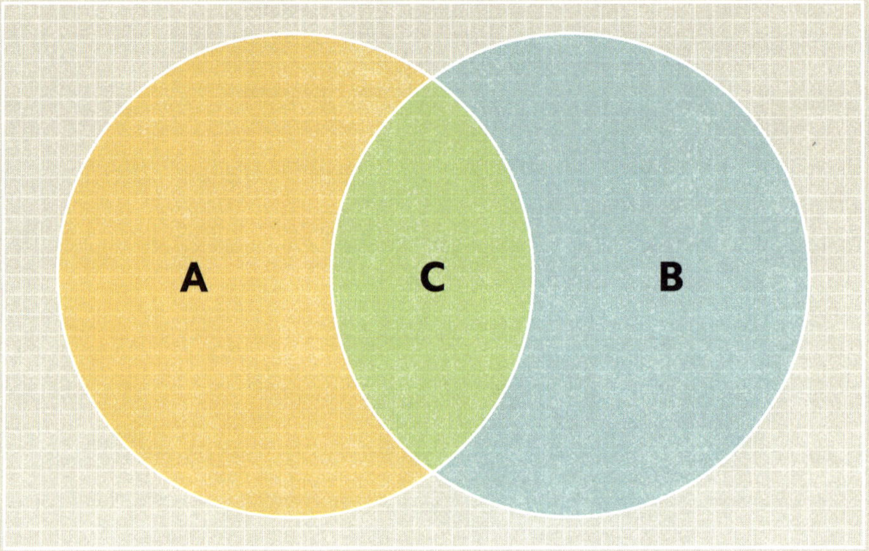

A = ÜBER 30 JAHRE ALT B = BRILLENTRÄGER C = ÜBER 30 UND BRILLENTRÄGER

ABHÄNGIGKEIT

Wird die Wahrscheinlichkeit eines Ereignisses von einem anderen Ereignis beeinflusst, so handelt es sich um abhängige Ereignisse. Kennt man beispielsweise das Alter einer Person, so ist es möglich, treffendere Vermutungen über ihre gesundheitliche Verfassung anzustellen, als ohne diese Kenntnis. Der Satz von Bayes beschreibt genau diesen Zusammenhang in einer mathematischen Formel. Seine Ergebnisse sind manchmal sehr überraschend. Mithilfe von Venn-Diagrammen lassen sich die Informationen organisieren und bedingte Wahrscheinlichkeiten darstellen.

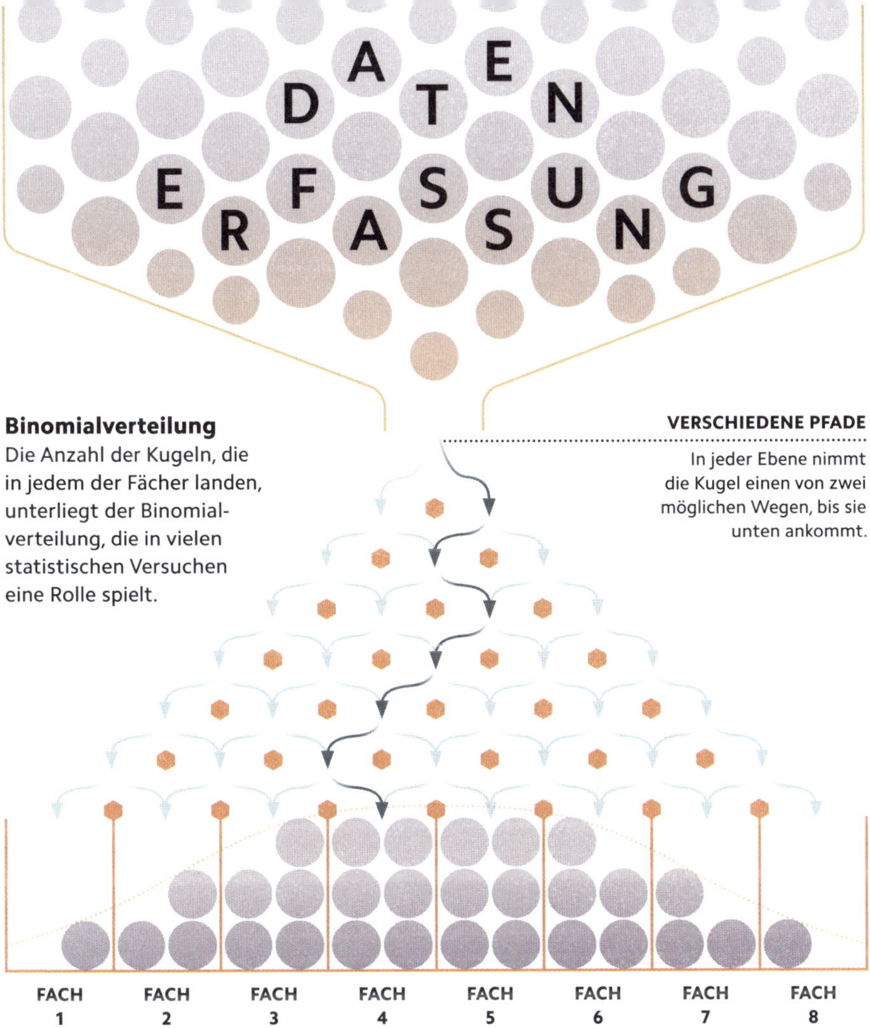

Eine Wahrscheinlichkeitsverteilung ist eine mathematische Funktion, die jedem Ereignis die Wahrscheinlichkeit für sein Eintreten zuordnet. Die Körpergrößen zufällig ausgewählter Personen ergeben zum Beispiel eine Größenverteilung, die sich in einem Verteilungsgraphen (einer Glockenkurve) darstellen lässt: Die Datengruppen um den Mittelwert herum flachen zu beiden Seiten ab. Eine Gleichverteilung liegt vor, wenn alle Ergebnisse gleich wahrscheinlich sind (wie beim Würfelwurf). Eine Binomialverteilung ergibt sich, wenn mehrfach wiederholte Ereignisse jeweils genau zwei unvereinbare Ergebnisse haben.

UNWAHRSCHEINLICHKEIT

Das Gesetz der großen Zahlen besagt, dass sich die relative Häufigkeit mit zunehmender Anzahl der Versuche um die theoretische Wahrscheinlichkeit stabilisiert (siehe S. 141). Bei einer unendlichen Anzahl von Wiederholungen sind alle Ergebnisse möglich, auch sehr unvorstellbare. Eine berühmte Veranschaulichung dieses Gedankens ist das »Infinite-Monkey-Theorem«, das besagt, dass ein Affe, der unendlich lang zufällig auf einer Schreibmaschine herumtippt, irgendwann Shakespeares Werke schreiben wird. Es zeigt, dass »sehr unwahrscheinlich« nicht dasselbe ist wie »unmöglich«.

An der Universität Plymouth (GB) bekamen sechs Affen einen Monat lang eine Schreibmaschine. Sie produzierten nur fünf Seiten Text, bevorzugt den Buchstaben S.

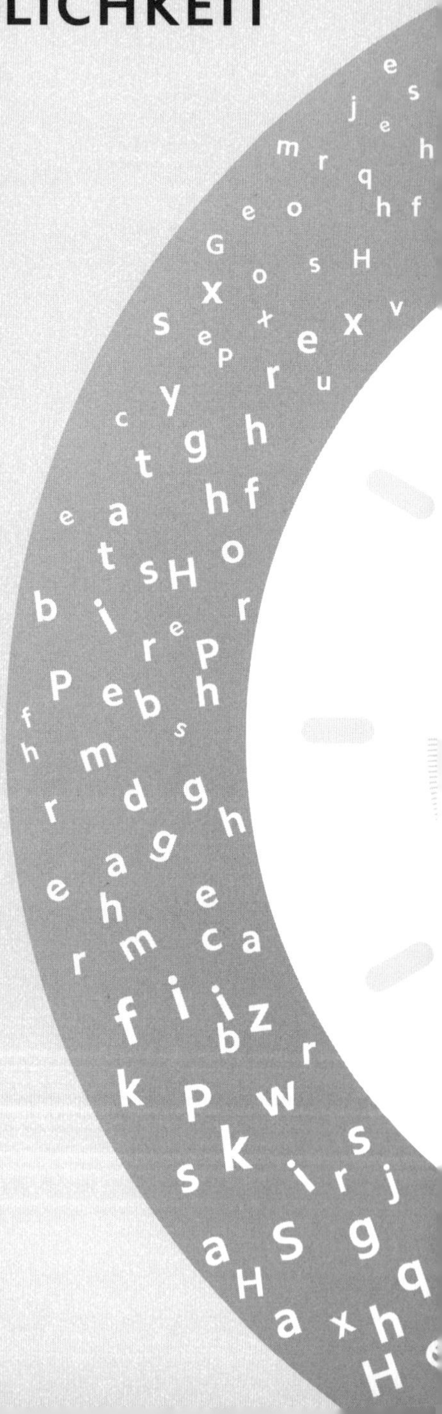

Unendlich viel Zeit

Unendlichkeit ist mehr als nur ein sehr langer Zeitraum. Sie würde voraussetzen, dass das Universum auf ewig weiterbesteht und alle möglichen Ergebnisse eines Experiments eintreten werden.

A N A L Y

SIS

Analysis ist ein Bereich der Mathematik, dessen Anfänge von dem deutschen Mathematiker Gottfried Wilhelm Leibniz und dem englischen Naturwissenschaftler Isaac Newton unabhängig voneinander entwickelt wurden. Analysis beschäftigt sich vor allem mit zwei sehr wichtigen Fragen: Wie berechnet man Änderungsraten und wie wird der Flächeninhalt unter einer Kurve berechnet? Die Differentialrechnung löst das Problem der Änderungsraten und die Integralrechnung liefert die Fläche unter einer Kurve. Differentiation und Integration sind entgegengesetzte Operationen – mit anderen Worten: Das eine Verfahren hebt das andere auf.

VERÄNDERUNG

Die Rate, mit der sich etwas über einen Zeitraum hinweg verändert, beispielsweise wie schnell sich ein Gegenstand bewegt, wie schnell sich eine Infektion ausbreitet oder ob die Wirtschaft stagniert oder nicht, heißt Änderungsrate. Zeichnet man einen Graphen zur Darstellung der Veränderungen, erhält man eine Kurve. Die Änderungsrate in einem einzelnen Punkt kann berechnet werden, indem man die Steigung der Tangente bestimmt, die an diesen Punkt gezeichnet wird (eine Gerade, die die Kurve nur in diesem einen Punkt berührt).

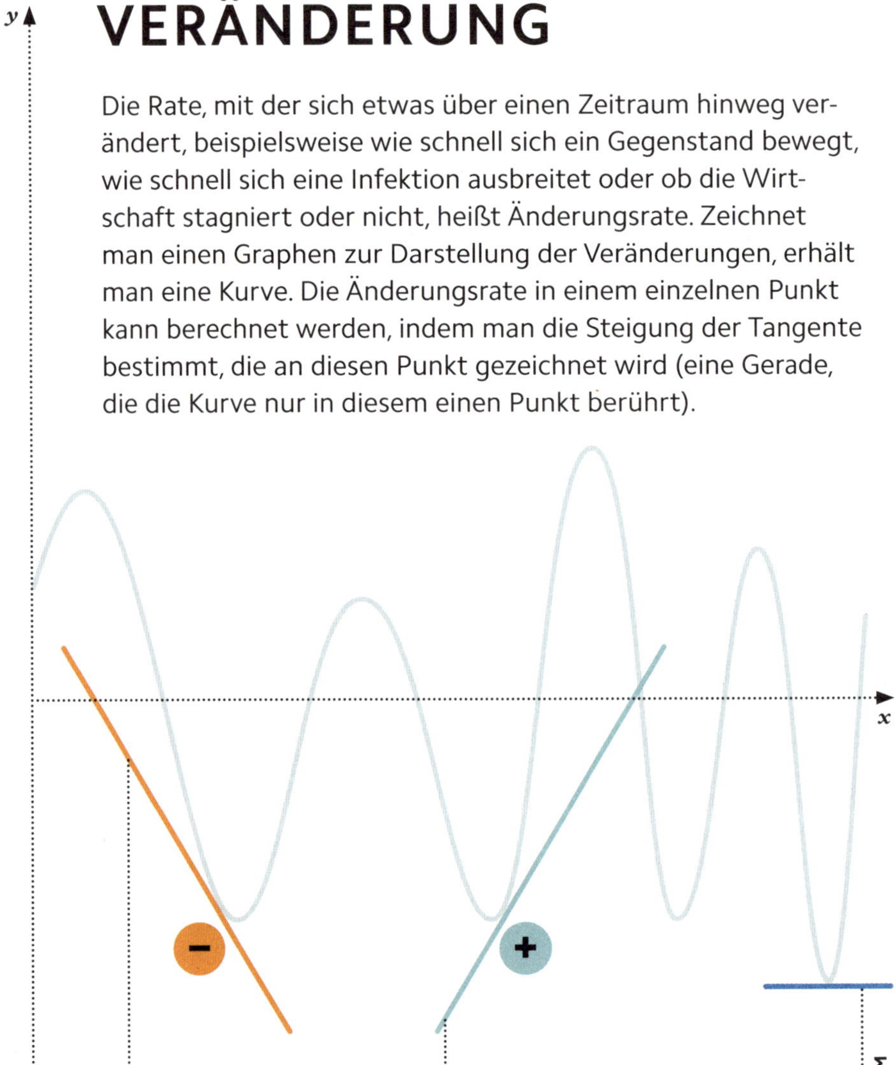

NEGATIVE STEIGUNG: Die Funktion fällt. Die Steigung ist negativ, das bedeutet, dass die Funktionswerte (y) bei zunehmendem x abnehmen (sie werden kleiner).

STEIGUNG: Die Funktion steigt. Die Änderungsrate ist positiv, das bedeutet, dass die Funktionswerte (y) bei zunehmendem x ebenfalls zunehmen (sie werden größer).

LOKALES MINIMUM: Ist die Tangente an diesen Punkt parallel zur x-Achse, ist die lokale Änderungsrate gleich Null.

Raumfahrt
In Luft- und Raumfahrt ist es wichtig, die Änderungsraten zu kennen. Je weiter die Rakete sich von der Erde entfernt, desto mehr Treibstoff hat sie verbrannt und entsprechend an Masse verloren. Daher nimmt die Beschleunigung zu.

IMPULS
Zur Überwindung der Erdanziehungskraft braucht die Rakete einen ausreichenden Impuls.

SCHUBKRAFT
Zum Abheben benötigt die Rakete Schubkraft. Schubkraft kann als Ableitung des Impulses (nach der Zeit) definiert werden.

ÄNDERUNGSRATEN

Die Ableitung ist die Änderungsrate einer Größe. Anhand von Funktionen (siehe S. 80–81) kann man solche Änderungsraten (Infektionsraten, Bevölkerungswachstum usw.) modellieren, indem man zwei Größen in Relation zueinander setzt. Eine davon ist dabei oft die Zeit. Die Ableitung gibt an, wie sich die eine Größe ändert, wenn sich die andere Größe (oft die Zeit) ändert. Die Änderungsrate in einem Punkt lässt sich mithilfe der Steigung der Tangente (siehe links) an diesen Punkt bestimmen. Die Ableitungsfunktion gibt diese Steigung für jeden einzelnen Punkt der Kurve an.

MAL SCHNELL, MAL LANGSAM

Der Graph zeigt die Geschwindigkeiten einer Autofahrt über einen gewissen Zeitraum. Die Länge der gefahrenen Strecke kann man abschätzen, indem man die Fläche unter der Kurve annähernd in vier Trapeze zerlegt, deren Flächeninhalte mithilfe der Formel ½ · $(a + b) \cdot h$ berechnet und diese schließlich addiert.

FLÄCHE 1 $\approx \frac{1}{2}$ (5 + 20) m/s · 15 s = 187,5 m

FLÄCHE 2 $\approx \frac{1}{2}$ (20 + 15) m/s · 15 s = 262,5 m

FLÄCHE 3 $\approx \frac{1}{2}$ (15 + 30) m/s · 15 s = 337,5 m

FLÄCHE 4 $\approx \frac{1}{2}$ (30 + 15) m/s · 15 s = 337,5 m

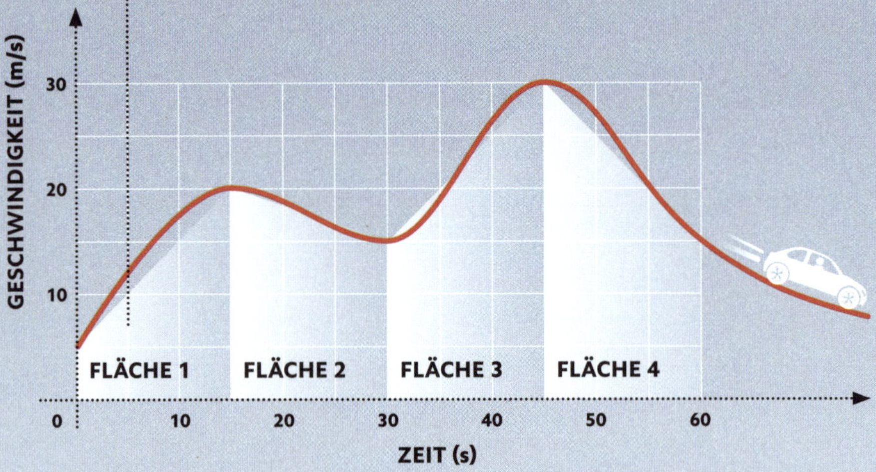

ZURÜCKGELEGTE GESAMTSTRECKE ≈ 187,5 m + 262,5 m + 337,5 m + 337,5 m ≈ 1125 m

FLÄCHEN SUMMIEREN

Das Bestimmen des Flächeninhalts unter einer Kurve ist ein verbreitetes mathematisches Problem. Um die zurückgelegte Strecke mithilfe eines Weg-Zeit-Diagramms zu bestimmen, muss man lediglich den Flächeninhalt unter der Kurve bestimmen. Das geht natürlich am einfachsten, wenn die Kurve eine Gerade ist. Die Grundidee kann man jedoch auf jede andere Kurve übertragen, indem man die Fläche unter dieser Kurve näherungsweise in kleine trapezförmige Streifen zerlegt (siehe S. 46). Je schmaler die Streifen, desto besser die Näherung.

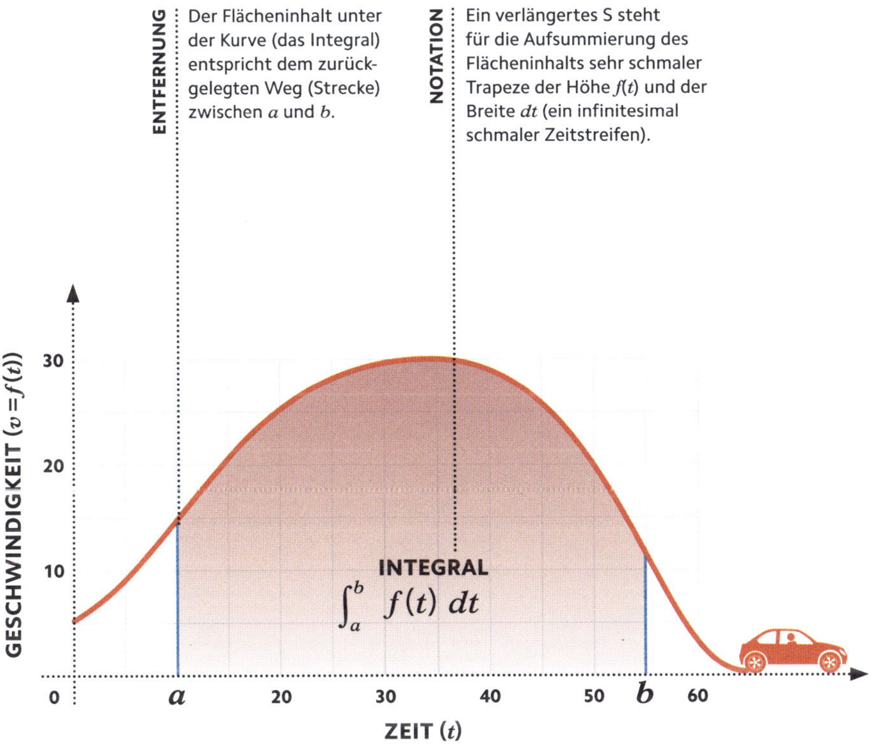

FLÄCHE UNTER EINER KURVE

Integration ist die algebraische Fortsetzung der Summenmethode (siehe links). Man kann sich das so vorstellen, dass die trapezförmigen Streifen immer schmaler werden. Dies nennt man die »Integration« (Einpassung) der Funktion, die durch die Kurve dargestellt wird. Integration und Differentiation (Bestimmen der Ableitung) sind Umkehrungen voneinander (siehe S. 154). Das gesamte mathematische Betätigungsfeld um diese beiden zueinander inversen Vorgänge ist das, was wir Analysis nennen.

Differentialrechnung
Die Differentiation einer Kurve in einem Punkt gibt die Steigung (Änderungsrate) der Tangente an diesem Punkt an.

Integralrechnung
Differentiation führt zu einer geraden Linie (Tangente) und die Umkehrung dieses Prozesses (Integration) führt wiederum auf die Kurve.

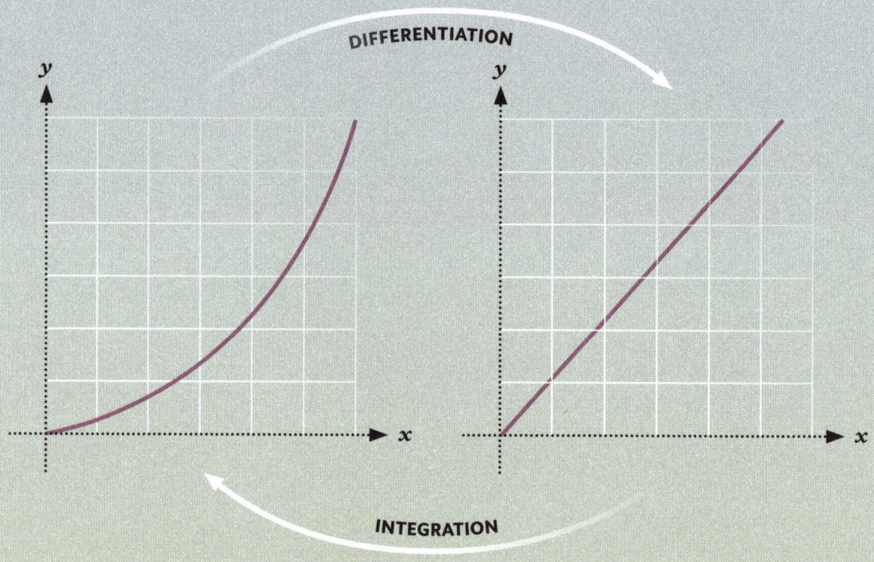

INVERSE OPERATIONEN

Differentiation ermittelt die Änderungsrate. Integration ermittelt die möglichen Ursprungsfunktionen bei bekannter Änderungsrate. Differentiation und Integration sind somit umgekehrte Operationen, die sich gegenseitig aufheben. Allerdings führt die Integration zu einer Menge an möglichen Funktionen und die exakte Funktion erhalten wir nur, wenn ein Punkt bekannt ist. Dies liegt daran, dass die Änderungsrate unabhängig von ihrer Position bezüglich der x-Achse ist. Differentiation führt immer zu einer einzigen richtigen Ableitungsfunktion.

PRAKTISCHE ANWENDUNG

Mithilfe der Analysis lassen sich reale Probleme anhand technischer Computersimulationen modellieren, sodass man keine realen Modelle bauen muss. Es können mehr Möglichkeiten ausprobiert werden und die Ergebnisgewinnung erfolgt auf einem sichereren und effizienteren Weg als mit physischen Modellen. Auch verbreitete Optimierungsprobleme (Verpackungsprobleme) lassen sich mithilfe der Analysis lösen: »Bei welcher Dosenform passen die meisten Dosen mit einem vorgegebenen Volumen auf eine Palette?« oder »Für welche Dosenform mit vorgegebenem Volumen benötigt man am wenigsten Material?«

Produktdesign
Die drei Dosen haben ungefähr das gleiche Volumen, aber man braucht zu ihrer Herstellung unterschiedlich viel Material. Die Dose, für die man am wenigsten Material benötigt, ist breit und liegt nicht so gut in der Hand. Von den schmaleren Dosen passen mehr auf eine Palette.

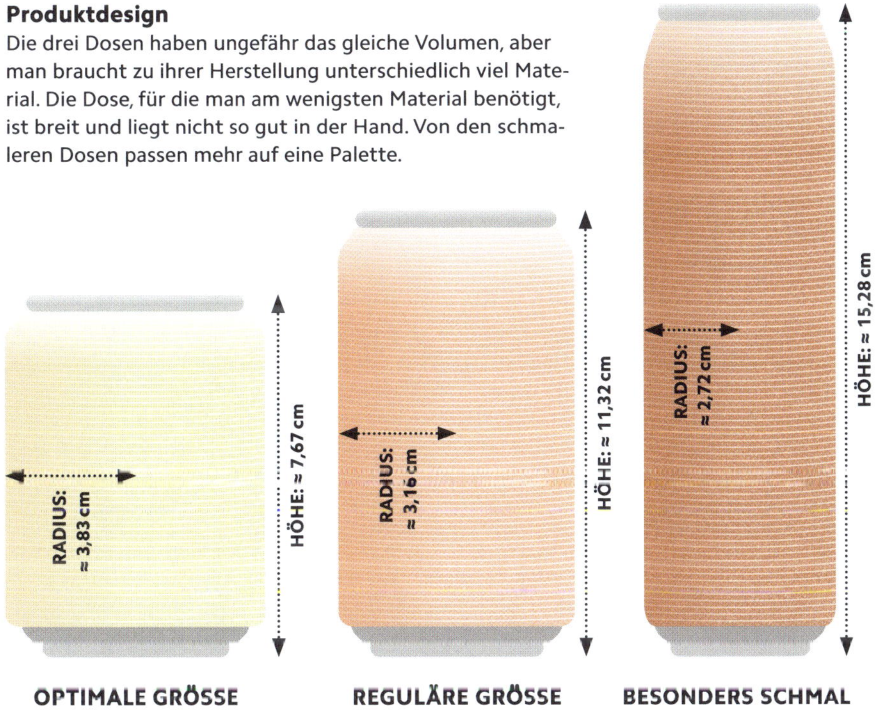

REGISTER

Fette Einträge verweisen auf den Haupteintrag.

F

G

H

I, J

J

K

L

M

N

O

P

Q

X

Y

Z

DANK

Der DK Verlag dankt Jessica Tapolcai und Mik Gates für die Illustrationen und Helen Peters für das Register sowie Suhita Dharamjit, Harish Aggarwal und Priyanka Sharma für die Umschlaggestaltung.

ZITATNACHWEIS

Der Verlag hat sich bemüht, alle Rechteinhaber ausfindig zu machen. Eventuelle Auslassungen werden wir bei entsprechendem Hinweis gern zu einer späteren Auflage korrigieren. Wenn nicht anders angegeben, wurden die Zitate frei übersetzt.

7 Proklos Diadochos zugeschrieben. **20** Shakuntala Devi zugeschrieben. **22** Gerolamo Cardano, *Ars Magna,* 1545. **43** Johannes Kepler, in: *Gesammelte Werke,* Band IV, C.H.Beck, 1941, S. 15. **45** Werner Heisenberg, *Der Teil und das Ganze. Gespräche im Umkreis der Atomphysik,* Deutscher Taschenbuch Verlag, 1991, S. 17. **60** Hermann Minkowski, In: Peter C. Aichelburg, *Zeit im Wandel der Zeit,* Viehweg+Teubner, 1988, S. 123. **90–91** Credit Suisse Global Wealth Report 2021 / credit-suisse.com/about-us/en/reports-research/global-wealth-report.html. **110** Pythagoras, nach: Diogenes Laertius: *Zusammenstellung über Leben und Lehren der Philosophen,* 2. Jh. **116** Carl Benjamin Boyer, in: Carl B. Boyer/Uta C. Merzbach, *A History of Mathematics,* Wiley, 1991, S. 158.